高等职业教育"十三五"规划教材

高职高专工业机器人技术系列教材

变频器应用技术

（第三版）

李方园　主　编

张燕珂　副主编

科学出版社

北京

内 容 简 介

  本书从变频器使用者的角度出发,从理论到实践、从设计到应用,由浅入深地阐述了变频器基础知识、变频器的使用功能、变频器控制系统的设计、变频器的节能应用以及变频器的维护与维修。本书最大的特点是按照使用者了解和应用变频器的渐进过程,结合生产工艺和机械装备的实际应用,详细介绍了变频器的使用范围、工作原理以及行业经验,力图将变频器在应用中所涉及的重点以言简意赅的方式呈现给读者。

  本书可以作为高职高专院校工业机器人技术、电气自动化技术、机电一体化技术、自动控制及相关专业的教材,也可供电气从业人员参考使用。

图书在版编目(CIP)数据

变频器应用技术/李方园主编. —3 版. —北京:科学出版社,2017
ISBN 978-7-03-040020-8

Ⅰ.①变… Ⅱ.①李… Ⅲ.①变频器-高等职业教育-教材
Ⅳ.①TN773

中国版本图书馆 CIP 数据核字(2014)第 043056 号

责任编辑:孙露露 张瑞涛/责任校对:王万红
责任印制:吕春珉/封面设计:曹来

科 学 出 版 社 出版
北京东黄城根北街 16 号
邮政编码:100717
http://www.sciencep.com

北京九州迅驰传媒文化有限公司 印刷
科学出版社发行 各地新华书店经销
*

2008 年 8 月第 一 版 2021 年 9 月第十一次印刷
2014 年 4 月第 二 版 开本:787×1092 1/16
2017 年 4 月第 三 版 印张:14 1/4
字数:323 000
定价:46.00 元
(如有印装质量问题,我社负责调换〈九州迅驰〉)
销售部电话 010-62136230 编辑部电话 010-62138978-2010

前　　言

这是一个"中国制造"向"中国智造"转型的时代，机器人可以代替人去做一些重复性的劳动，这样才能推进科技进步，每一个人的生产价值才会提高。变频器作为机器人产业链中的上游环节，以优秀的调速、节能性能，在搬运、堆垛、仓储等方面获得了广泛的应用。本书将以变频器基础、应用与维修为主线，通过详细的案例介绍进一步让读者了解变频器的工作原理及控制系统组成，探讨变频调速系统在各行业中的应用案例和维修经验。

本书共分5章。第1章主要介绍了变频器的基础知识，包括交流电动机的调速方式、异步电动机的变频调速原理、变频器的电路结构和变频器的分类与特点；第2章主要介绍了变频器使用功能，内容包括变频器的控制方式、变频器的频率给定方式、变频器的运转指令方式和变频器的启动制动方式；第3章介绍了变频器控制系统的基本设计原理，包括转速控制应用、PID控制应用和通信控制应用，同时介绍了变频控制柜设计的基本要点；第4章介绍了变频节能应用的必要性，并列举了给排水系统的变频器节能应用、暖通空调系统的变频器节能应用、塑料挤出机变频节能应用和起重机变频节能应用等；第5章主要介绍了变频器的维护与维修，包括变频器维护基本要点以及具体的故障排除案例（过压、过流、过载、过热、缺相）如何进行原因查找及故障定位。

本书由李方园主编，张燕珂副主编，钟晓强、周庆红、郑发泰、李雄杰、张东升、叶明、应秋红、郑桐等参与了编写。在编写过程中，三菱、西门子等厂家相关人员帮助和提供了相当多的典型案例和调试经验。同时，在编写中曾参考和引用了国内外许多专家、学者、工程技术人员最新发表的论文、著作等资料，作者在此一并致谢。

为方便教者与学者更好地利用本书进行教学与学习，本书提供二维码链接的微课；如需课件、习题等配套资源，可发邮件至邮箱 360603935@qq.com 索取。

由于作者水平有限，在编写过程中难免存在不足和错误，希望广大读者能够给予更多的批评、指正，作者将不胜感激。变频器市场规模的逐日扩大，变频器产品的日渐丰富，变频器技术的异彩纷呈，这些都使得变频器的应用案例更新速度加快，因此作者烦请各位业内人士：如果您有好的应用案例或者想更正书中需要商讨的任何细节，烦请致信给作者（邮箱：Muzi_woody@163com），以本书搭建起变频器技术与应用的培训平台和实践基地，为提高变频器的应用水平而共同努力！

目　　录

第1章

变频器基础知识

【内容提要】

交流电动机比直流电动机经济耐用得多，因而被广泛应用于各行各业。在实际应用场合，往往要求交流电动机能随意调节转速，以便获得满意的使用效果，但它在这方面比起直流电动机来就要逊色得多，于是人们不得不借助其他手段达到调速目的。根据交流电动机的转速特性可知，交流调速方式有 3 大类：频率调节、磁极对数调节和转差率调节。

本章首先介绍了交流异步电动机的变频调速原理，包括 U/f 控制、矢量控制和 DTC 控制；同时介绍了变频器的基础结构知识，即功率转换和弱电控制两大部分；然后阐述了变频器的分类及发展趋势；最后介绍了技能训练部分，即三菱 D700 变频器的试运行和西门子 MU4 系列变频器的基本操作。

1.1 交流电动机的调速方式

1.1.1 异步电动机和同步电动机的概念

1. 异步电动机

三相异步电动机要旋转起来的先决条件是具有一个旋转磁场，三相异步电动机的定子绕组就是用来产生旋转磁场的。三相电源相与相之间的电压在相位上是相差 120°的，三相异步电动机定子中的 3 个绕组在空间方位上也互差 120°，这样，当在定子绕组中通入三相电源时，定子绕组就会产生一个旋转磁场，其产生的过程如图 1.1 所示。在图 1.1 中分 4 个时刻来描述旋转磁场的产生过程。电流每变化一个周期，旋转磁场便在空间旋转一周，即旋转磁场的旋转速度与电流的变化是同步的。

旋转磁场的转速为

$$n = 60f/p \qquad (1-1)$$

式中，f 为电源频率；p 是磁场的磁极对数；n 的单位是 r/min。根据此式可知，电动机的转速与磁极对数和使用电源的频率有关。

定子绕组产生旋转磁场后，转子导条（笼型条）将切割旋转磁场的磁力线而产生感应电流，转子导条中的电流又与旋转磁场相互作用产生电磁力，电磁力产生的电磁转矩

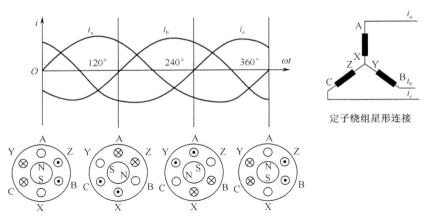

图 1.1　三相异步电动机原理

驱动转子沿旋转磁场方向以 n_1 的转速旋转起来。一般情况下，电动机的实际转速 n_1 低于旋转磁场的转速 n。因为假设 $n = n_1$，则转子导条与旋转磁场就没有相对运动，就不会切割磁力线，也就不会产生电磁转矩，所以转子的转速 n_1 必然小于 n。为此，称这种结构的三相电动机为异步电动机。

2. 同步电动机

同步电动机和其他类型的旋转电动机一样，都是由固定的定子和可旋转的转子两大部分组成。一般分为转场式同步电动机和转枢式同步电动机。

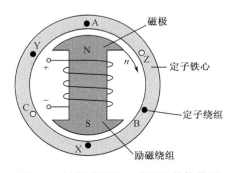

图 1.2　转场式同步电动机的结构模型

图 1.2 给出了最常用的转场式同步电动机的结构模型，其定子铁心的内圆均匀分布着定子槽，槽内嵌放着按一定规律排列的三相对称交流绕组。这种同步电动机的定子又称为电枢，定子铁心和绕组又称为电枢铁心和电枢绕组。转子铁心上装有制成一定形状的成对磁极，磁极上绕有励磁绕组。通以直流电流时，将会在电动机的气隙中形成极性相间的分布磁场，称为励磁磁场（也称主磁场或转子磁场）。气隙处于电枢内圆和转子磁极之间，气隙层的厚度和形状对电动机内部磁场的分布和同步电动机的性能有重大影响。

除了转场式同步电动机外，还有转枢式同步电动机，其磁极安装于定子上，而交流绕组分布于转子表面的槽内，这种同步电动机的转子充当了电枢。图中用 AX、BY、CZ 这 3 个在空间错开 120° 电角度分布的线圈代表三相对称交流绕组。

3. 交流电动机的调速

交流电动机比直流电动机经济耐用得多，因而被广泛应用于各行各业。在实际应用场合，往往要求电动机能随意调节转速，以便获得满意的使用效果，但交流电动机在这方面比起直流电动机来就要逊色得多，于是人们不得不借助其他手段达到调速目的。根据感应电动机的转速特性可知，它的调速方式有 3 大类：频率调节、磁极对数调节和转差率调节，从而出现了目前常用的几种调速方法，如图 1.3 所示。

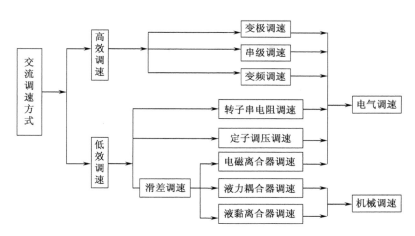

图 1.3　交流电动机主要调速方式分类

基于节能角度，通常把交流调速分为高效调速和低效调速。高效调速指基本上不增加转差损耗的调速方式，在调节电动机转速时转差率基本不变，不增加转差损失，或将转差功率以电能形式回馈电网或以机械能形式回馈机轴；低效调速则存在附加转差损失，在相同调速工况下其节能效果低于不存在转差损耗的调速方式。

属于高效调速方式的主要有变极调速、串级调速和变频调速；属于低效调速方式的主要有滑差调速（包括电磁离合器调速、液力耦合器调速、液黏离合器调速）、转子串电阻调速和定子调压调速。其中，液力偶合器调速和液黏离合器调速属于机械调速，其他均属于电气调速。变极调速和滑差调速方式适用于笼型异步电动机，串级调速和转子串电阻调速方式适用于绕线型异步电动机，定子调压调速和变频调速既适用于笼型，也适用于绕线型异步电动机。变频调速和机械调速还可用于同步电动机。

液力耦合器调速技术属于机械调速范畴，它是将匹配合适的调速型液力耦合器安装在常规的交流电动机和负载（风机、水泵或压缩机）之间，从电动机输入转速，通过液力耦合器工作腔中高速循环流动的液体，向负载传递力矩和输出转速。只要改变工作腔中液体的充满程度即可调节输出转速。

液黏离合器调速是指利用液黏离合器作为功率传递装置完成转速调节的调速方式，属于机械调速。液黏离合器是利用两组摩擦片之间接触来传递功率的一种机械设备，如同液力耦合器一样安装在笼型感应电动机与工作机械之间，在电动机低速运行的情况下，利用两组摩擦片之间摩擦力的变化无级地调节工作机械的转速。由于它存在转差损耗，因此是一种低效调速方式。

1.1.2 交流电动机的调速方式

1. 异步电动机的变极调速

变极调速技术是通过采用变极多速异步电动机实现调速的。这种多速电动机大都为笼型转子电动机，其结构与基本系列异步电动机相似，现国内生产的有双速、三速、四速等几类。

异步电动机
变极调速

变极调速是通过改变定子绕组的极对数来改变旋转磁场同步转速进行调速的，是无附加转差损耗的高效调速方式。由于极对数 p 是整数，它不能实现平滑调速，只能有级调速。在供电频率 $f=50\text{Hz}$ 的电网，$p=1$、2、3、4 时，相应的同步转速 $n_0=3000\text{r/min}$、1500r/min、1000r/min、750r/min。改变极对数是用改变定子绕组的接线方式来完成的（图 1.4），图 1.4（a）中的 $p=2$，图 1.4（b）和（c）中的 $p=1$。双速电动机的定子是单绕组，三速和四速电动机的定子是双绕组。这种改变极对数来调速的笼型电动机，通常称为多速感应电动机或变极感应电动机。

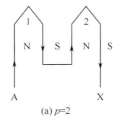
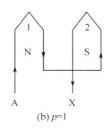
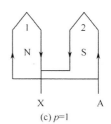

(a) $p=2$ (b) $p=1$ (c) $p=1$

图 1.4 定子绕组改接变极对数示意图

多速电动机的优点是运行可靠，运行效率高，控制线路简单，容易维护，对电网无干扰，初始投资低。缺点是有级调速，而且调速级差大，从而限制了它的使用范围，适合于按 2～4 挡固定调速变化的场合。为了弥补有级调速的缺陷，它有时与定子调压调速或电磁离合器调速配合使用。

2. 电磁调速

电磁调速技术是通过电磁调速电动机实现调速的技术。电磁调速电动机（又称滑差电动机）由三相异步电动机、电磁转差离合器和测速发电机组成，三相异步电动机作为原动机工作。该技术是传统的交流调速技术之一，适用于容量在 $0.55\sim630\text{kW}$ 范围内的风机、水泵或压缩机。

电磁离合器调速是由笼型感应电动机和电磁离合器一体化的调速电动机来完成的，把这种调速电动机称为电磁离合器电动机，又称滑差电动机，属于低效调速方式。电磁调速电动机的调速系统主要由笼型感应电动机、涡流式电磁转差离合器和直流励磁电源等 3 部分组成（图 1.5）。直流励磁电源功率较小，通过改变晶闸管的控制角以改变直流励磁电压的大小来控制励磁电流。它以笼型电动机作为原动机，带动与其同轴连接的电磁离合器的主动部分，离合器的从动部分与负载同轴连接，主动部分与从动部分没有机械联系，只有磁路相通。离合器的主动部分为电枢，从动部分为磁极。电枢包括电枢铁心和电枢绕组，磁极则由铁心和励磁绕组构成，绕组与部分铁心固定在机壳上不随磁极旋转，直流励磁不必经过滑环而直接由直流电源供电。当电动机带动电枢在磁极磁场中旋转时，就会感生涡流，涡流与磁极磁场作用产生的转矩将使电枢牵动磁极拖动负载同向旋转，通过控制励磁电流改变磁场强度，使离合器产生大小不同的转矩，从而达到调速的目的。

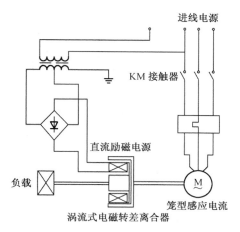

图 1.5　电磁调速示意图

　　电磁离合器的优点是结构比较简单，可无级调速，维护方便，运行可靠，调速范围也比较宽，对电网无干扰，它可以空载起动，对需要重载起动的负载可获得容量效益，提高电动机运行负载率。缺点是高速区调速特性软，不能全速运行；低速区调速效率比较低，适用于调速范围适中的中、小容量电动机。

3. 串级调速

　　串级调速的典型调速系统有两种：一种是电气串级调速系统；另一种是电动机串级调速系统。电气串级调速电路是由异步电动机转子一侧的整流器和电网一侧的晶闸管逆变器组成。用改变逆变器的逆变角来调节异步电动机转速，将整流后的直流电通过逆变器变换成具有电网频率的交流电，将转差功率回馈电网。电动机串级调速电路是把转子整流后的直流作为电源接到一台直流电动机的电枢两端，用调节励磁电流来调节异步电动机转速，直流电动机与异步电动机同轴相接，将转差功率变为直流器的输入功率与异步电动机一起拖动负载，使转差功率回馈机轴。电动机串级调速的范围不大，又增加了一台直流电动机，使系统复杂化，应用不多。电气串级调速系统比较简单，控制方便，应用比较广泛。

　　串级调速的主要优点是调速效率高，可实现无级调速，初始投资不大。缺点是对电网干扰大，调速范围窄，功率因数也比较低，与转子串电阻相比，主要是它的效率优势。

4. 定子调压调速

　　定子调压调速是用改变定子电压实现调速的方法来改变电动机的转速，调度过程中它的转差功率以发热形式损耗在转子绕组中，属于低效调速方式。由于电磁转矩与定子电压的平方成正比，改变定子电压就可以改变电动机的机械特性，与某一负载特性相匹配就可以稳定在不同的转速上，从而实现调速功能。供电电源的电压是固定的，它用调压器来获得可调电压的交流电源。传统的调压器有饱和电抗器式调压器、自耦变压器式调压器和感应式调压器，主要用于笼型感应电动机的减压起动，以减少起动电流。晶闸管是交流调压调速的主要形式，它利用改变定子侧三相反并联晶闸管的移相角来调节转速，可以做到无级调速。

调压调速的主要优点是控制设备比较简单，可无级调速，初始投资低，使用维护比较方便，可以兼作笼型电动机的降压起动设备。缺点是调速效率比较低，低速运行调速效率更低；调速范围窄，只有对风机和泵类工作机械调速可以获得较宽的调速范围并减少转差损耗；调速特性比较软，调速精度差；对电网干扰也大，适用于调速范围要求不宽，较长时间在高速区运行的中、小容量的异步电动机。

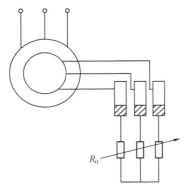

图 1.6　转子串电阻调速电路示意

5. 转子串电阻调速

转子串电阻调速是通过改变绕线型感应电动机转子串接附加外接电阻，从而改变转子电流使转速改变的方式进行调速的（图 1.6），为减少电刷的磨损，中等容量以上的绕线型感应电动机还设有提刷装置，当电动机起动时接入外接电阻以减少起动电流，不需要调速时移动手柄可提起电刷与集电滑环脱离接触，同时使 3 个集电滑环彼此短接起来。

转子串电阻调速的优点是技术成熟，控制方法简单，维护方便，初始投资低，对电网无干扰。缺点是转差损耗大，调速效率低；调速特性软，动态响应速度慢；外接附加电阻不易做到无级调速，调速平滑性差，适合于调速范围不太大和调速特性要求不高的场合。

6. 变频调速

变频调速是通过改变异步电动机供电电源的频率 f 来实现无级调速的，其原理如图 1.7 所示，电动机采用变频调速以后，电动机转轴直接与负载连接，电动机由变频器供电。变频调速的关键设备就是变频器，变频器是一种将交流电源整流成直流后再逆变成频率、电压可变的变流电源的专用装置，主要由功率模块、超大规模专用单片机等构成。

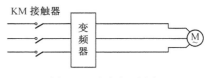

图 1.7　变频调速原理

变频器能够根据转速反馈信号调节电动机供电电源的频率，从而可以实现相当宽频率范围内的无级调速。

1.1.3　调速方式汇总

根据实际应用效果，将交流电动机的各种调速方式的一般性能和特点汇总于表 1.1 中。

表 1.1 调速方式的一般特性和特点

调速方式	转子串电阻	定子调压	电磁离合器	液力耦合器	液黏离合器	变极	串级	变频
调速方法	改变转子串电阻	改变定子输入调压	改变离合器励磁电流	改变耦合器工作腔充油量	改变离合器摩擦片间隙	改变定子极对数	改变逆变器的逆变角	改变定子输入频率和电压
调速性质	有级	无级	无级	无级	无级	有级	无级	无级
调速范围	50%~100%	80%~100%	10%~80%	30%~97%	20%~100%	2、3、4挡转速	50%~100%	5%~100%
响应能力	差	快	较快	差	差	快	快	快
电网干扰	无	大	无	无	无	无	较大	有
节电效果	中	中	中	中	中	高	高	高
初始投资	低	较低	较高	中	较低	低	中	高
故障处理	停车	不停车	停车	停车	停车	停车	停车	不停车
安装条件	易	易	较易	场地	场地	易	易	易
适用范围	绕线型异步电动机	绕线型异步电动机、笼型异步电动机	笼型异步电动机	笼型异步电动机、同步电动机	笼型异步电动机、同步电动机	笼型异步电动机	绕线型异步电动机	异步电动机、同步电动机

1.2 交流异步电动机的调速原理

交流电动机不论是三相异步电动机还是三相同步电动机，它们的转速为
$$N_0 = 60f/p(\text{同步电动机});\quad N = N_0(1-s) = 60f/p(1-s)(\text{异步电动机}) \qquad (1\text{-}2)$$
式中，f 为频率；p 为极对数；s 为转差率（0~3%或0~6%）。

由转速公式可见，只要设法改变三相交流电动机的供电频率 f，就可十分方便地改变电动机的转速 N，比改变极对数 p 和转差率 s 两个参数简单得多，特别是近 20 多年来，交流变频调速器得到了突飞猛进的发展，使得三相交流电动机变频调速成为当前电气调速的主流。

实际上仅仅改变电动机的频率并不能获得良好的变频特性。例如，标准设计的三相异步电动机、380V、50Hz，如果电压不变，只改变频率，会产生以下问题：380V 不变，频率下调（<50Hz），会使电动机气隙磁通 φ（约等于 U/f）饱和；反之，380V 不变，频率向上调（>50Hz），则使磁通减弱。所以，真正应用变频调速时，一般需要同时改变电压和频率，以保持磁通基本恒定。因此，变频调速器又称为 VVVF（Variable Voltage Variable Frequency）装置。

1.2.1 感应电动机稳态模型及基于稳态模型的控制方法

1. 感应电动机稳态模型

根据电动机学原理，在下述 3 个假定条件下（即忽略空间和时间谐波、忽略磁饱和、

忽略铁损），感应电动机的稳态模型可以用 T 型等效电路表示，如图 1.8（a）所示。

图 1.8（a）中的各参数定义如下：

R_s、R'_r——定子每相电阻和折合到定子侧的转子每相电阻；

L_{1s}、L'_{1r}——定子每相漏感和折合到定子侧的转子每相漏感；

L_m——定子每相绕组产生气隙主磁通的等效电感，即励磁电感；

U_s、ω_1——定子相电压和供电角频率；

I_s、I'_r——定子相电流和折合到定子侧的转子相电流；

下标 s——stator（定子）；

下标 r——rotor（转子）。

忽略励磁电流，则得到如图 1.8（b）所示的简化等效电路。

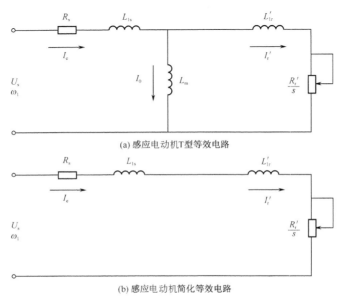

(a) 感应电动机 T 型等效电路

(b) 感应电动机简化等效电路

图 1.8　感应电动机等效电路

因此，电流公式可表示为

$$I_s \approx I'_r = \frac{U_s}{\sqrt{\left(R_s + \dfrac{R'_r}{s}\right)^2 + \omega_1^2 (L_{1s} + L'_{1r})^2}} \qquad (1\text{-}3)$$

已知感应电动机传递的电磁功率为

$$P_m = \frac{3 I'^2_r R'_r}{s} \qquad (1\text{-}4)$$

同步机械角速度 $\omega_{m1} = \omega_1 / n_p$，则感应电动机的电磁转矩为

$$T_e = \frac{P_m}{\omega_{m1}} = \frac{3 I'^2_r R'_r}{s} \cdot \frac{n_p}{\omega_1} = \frac{3 U_s^2 n_p R'_r}{s \left[\left(R_s + \dfrac{R'_r}{s}\right)^2 + \omega_1^2 (L_{1s} + L'_{1r})^2 \right] \omega_1} \qquad (1\text{-}5)$$

感应电动机的每极气隙磁通为

$$\Phi_{\mathrm{m}} = \frac{E_{\mathrm{g}}}{4.44 f_1 N_{\mathrm{s}} K_{\mathrm{Ns}}} \approx \frac{U_{\mathrm{s}}}{4.44 f_1 N_{\mathrm{s}} K_{\mathrm{Ns}}} \tag{1-6}$$

式中，E_{g} 为气隙磁通在定子每相中感应电动势的有效值；f_1 为定子频率；N_{s} 为定子每相绕组串联匝数；K_{Ns} 为定子基波绕组系数。忽略定子电阻和漏磁感抗压降，则认为定子相电压 $U_{\mathrm{s}} = E_{\mathrm{g}}$。

式（1-5）对 s 求导，并令 $\mathrm{d}T_{\mathrm{e}}/\mathrm{d}s = 0$，可求出对应于最大转矩时的临界静差为

$$s_{\mathrm{m}} = \frac{R_{\mathrm{r}}'}{\sqrt{R_{\mathrm{s}}^2 + \omega_1^2 (L_{1\mathrm{s}} + L_{1\mathrm{r}}')^2}} \tag{1-7}$$

最大转矩为

$$T_{\mathrm{emax}} = \frac{3 U_{\mathrm{s}}^2 n_{\mathrm{p}}}{2\omega_1 \left[R_{\mathrm{s}} + \sqrt{R_{\mathrm{s}}^2 + \omega_1^2 (L_{1\mathrm{s}} + L_{1\mathrm{r}}')^2} \right]} \tag{1-8}$$

2. 转速开环的感应电动机变压变频调速（VVVF）

变压变频调速是改变同步转速的调速方法，同步转速 n_1 随频率而变化，其公式为

$$n_1 = \frac{60}{2\pi n_{\mathrm{p}}} \tag{1-9}$$

式中，n_{p} 为电动机极对数，下同。

为了达到良好的控制效果，常采用电压-频率协调控制（即 U/f 控制），并分为基频（额定频率）以下和基频以上两种情况。

（1）基频以下调速

为了充分利用电动机铁心，发挥电动机产生转矩的能力，在基频以下采用恒磁通控制方式，要保持 Φ_{m} 不变，当频率 f_1 从额定值 $f_{1\mathrm{N}}$ 向下调节时，必须同时降低 E_{g}，即采用电动势频率比为恒值的控制方式。然而，绕组中的感应电动势是难以直接控制的，当电动势值较高时，可以忽略定子电阻和漏磁感抗压降，而认为定子相电压 $U_{\mathrm{s}} \approx E_{\mathrm{g}}$，则得

$$\frac{E_{\mathrm{e}}}{f_1} = 常值 \tag{1-10}$$

这是恒压频比的控制方式，其控制特性如图 1.9 所示。

低频时，U_{s} 和 E_{g} 都较小，定子电阻和漏磁感抗压降所占的分量相对较大，可以人为地抬高定子相电压 U_{s}，以便补偿定子压降，称为低频补偿或转矩提升。

（2）基频以上调速

在基频以上调速时，频率从 $f_{1\mathrm{N}}$ 向上升高，但定子电压 U_{s} 却不可能超过额定电压 U_{sN}，只能保持 $U_{\mathrm{s}} = U_{\mathrm{sN}}$ 不变，这将使磁通与频率成反比地下降，使得感应电动机工作在弱磁状态。

把基频以下和基频以上两种情况的控制特性画在一起，如图 1.10 所示。如果电动机在不同转速时所带的负载都能使电流达到额定值，即都能在允许温升下长期运行，则转矩基本上随磁通变化而变化。按照电力拖动原理，在基频以下，磁通恒定，转矩也恒

定，属于"恒转矩调速"性质；而在基频以上，转速升高时磁通减小，转矩也随着降低，基本上属于"恒功率调速"。

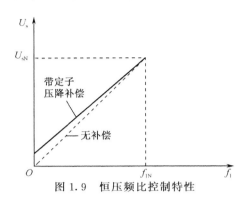

图 1.9　恒压频比控制特性

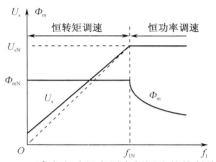

图 1.10　感应电动机变压变频调速的控制特性

3. 恒压频比时的机械特性

基频以下须采用恒压频比控制，感应电动机的电磁转矩为

$$T_e = 3n_p \left(\frac{U_s}{\omega_1} \right)^2 \frac{s\omega_1 R'_r}{(sR_s + R'_r)^2 + s^2\omega_1^2(L_{1s} + L'_{1r})^2} \tag{1-11}$$

当 s 很小时，可忽略上式分母中含 s 各项，则

$$T_e \approx 3n_p \left(\frac{U_s}{\omega_1} \right)^2 \frac{s\omega_1}{R'_r} \propto s \tag{1-12}$$

由此可以推导出带负载时的转速降落

$$\Delta n = sn_1 = \frac{60}{2\pi n_p} s\omega_1 \approx \frac{10}{\pi n_p^2} \frac{R'_r T_e}{\left(\dfrac{U_s}{\omega_1} \right)^2} \propto T_e \tag{1-13}$$

由此可见，当 U_s/ω_1 为恒值时，对于同一转矩 T_e，Δn 基本不变。这就是说，在恒压频比的条件下改变频率 ω_1 时，机械特性基本上是平行下移，如图 1.11（a）所示。将最大转矩改写为

$$T_{emax} = \frac{3n_p}{2} \left(\frac{U_s}{\omega_1} \right)^2 \frac{1}{\left[\dfrac{R_s}{\omega_1} + \sqrt{\left(\dfrac{R_s}{\omega_1} \right)^2 + (L_{1s} + L'_{1r})^2} \right]} \tag{1-14}$$

可见最大转矩 T_{emax} 是随着 ω_1 的降低而减小的。频率很低时，T_{emax} 很小，电动机带负载能力减弱，采用低频定子压降补偿，适当地提高电压 U_s，可以增强带负载能力。

在基频 f_{1N} 以上变频调速时，电压 $U_s = U_{sN}$ 不变，机械特性方程式可写成

$$T_e = \frac{3U_{sN}^2 n_p R'_r}{s\left[\left(R_s + \dfrac{R'_r}{s} \right)^2 + \omega_1^2(L_{1s} + L'_{1r})^2 \right]\omega_1} \tag{1-15}$$

而最大转矩表达式可改写成

$$T_{\text{emax}} = \frac{3U_{\text{sN}}^2 n_{\text{p}}}{2\omega_1 \left[R_{\text{s}} \sqrt{R_{\text{s}}^2 + \omega_1^2 (L_{1\text{s}} + L_{1\text{r}}')^2} \right]} \tag{1-16}$$

当角频率 ω_1 提高时，同步转速随之提高，最大转矩减小，机械特性上移，而形状基本不变。由于频率提高而电压不变，气隙磁通势必减弱，导致转矩的减小，但转速却升高了，可以认为输出功率基本不变。

图 1.11（b）所示为感应电动机转速开环变压变频调速系统结构原理，一般称为通用变频器，被广泛应用于调速性能要求不高的场合。为了避免突加给定造成的过流，在频率给定后设置了给定积分环节。由于转速开环，现场调试工作量小，使用方便，但转速有静差，低速性能欠佳。

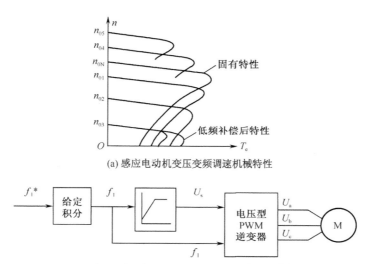

(a) 感应电动机变压变频调速机械特性

(b) 感应电动机转速开环变压变频调速系统结构原理

图 1.11　感应电动机变压变频调速机械特性及结构原理

总之，U/f 控制是为了得到理想的转矩-速度特性，基于在改变电源频率进行调速的同时，又要保证电动机的磁通不变的思想而提出的，通用型变频器基本上都采用这种控制方式。U/f 控制变频器结构非常简单，但是这种变频器采用开环控制方式，不能达到较高的控制性能，而且在低频时，必须进行转矩补偿，以改变低频转矩特性。

1.2.2　矢量控制方式

变频器的矢量控制是 20 世纪 70 年代开始迅速发展起来的一种新型控制思想，是以电动机控制参数的实时解耦，来实现电动机的转矩与磁通控制，以达到与直流电动机一样的调速性能。异步电动机矢量控制调速系统经过近几十年的发展，其控制方法已趋成熟。

变频器矢量控制

1. 基本原理

异步电动机的矢量控制是仿照直流电动机的控制方式，把定子电流的磁场分量和转矩分量解耦开来分别加以控制，即将异步电动机的物理模型等效地变成类似于直流电动机的模式。

众所周知，交流电动机三相对称的静止绕组 A、B、C，通以三相平衡的正弦电流时，所产生的合成磁动势是旋转磁动势 F，它在空间呈正弦分布，以同步转速 ω（即电流的角频率）顺着 $A\text{-}B\text{-}C$ 的相序旋转。这样的物理模型绘于图 1.12（a）中。

然而，旋转磁动势并不一定非要三相不可，除单相以外，二相、三相、四相等任意对称的多相绕组，通以平衡的多相电流，都能产生旋转磁动势，当然以两相最为简单。图 1.12（b）中绘出了两相静止绕组 α 和 β，它们在空间互差 90°，通以时间上互差 90° 的两相平衡交流电流，也产生旋转磁动势 F。当图 1.12（a）和（b）的两个旋转磁动势大小和转速都相等时，即认为图 1.12（b）所示的两相绕组与图 1.12（a）所示的三相绕组等效。再看图 1.12（c）中的两个匝数相等且互相垂直的绕组 M 和 T，其中分别通以直流电流 i_M 和 i_T，产生合成磁动势 F，其位置相对于绕组来说是固定的。

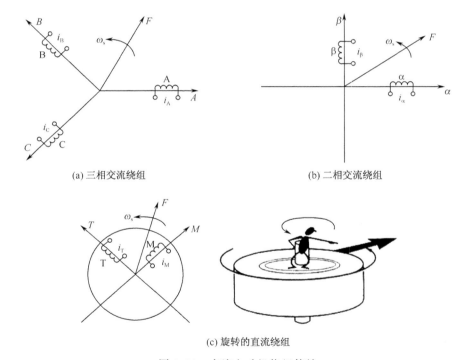

(a) 三相交流绕组　　　　　　　　　　(b) 二相交流绕组

(c) 旋转的直流绕组

图 1.12　交流电动机绕组等效

如果让包含两个绕组在内的整个铁心以同步转速旋转，则磁动势 F 自然也随之旋转起来，称为旋转磁动势。把这个旋转磁动势的大小和转速也控制成与图 1.12（a）和（b）所示的磁动势一样，那么这套旋转的直流绕组也就和前面两套固定的交流绕组都等效了。当观察者也站到铁心上和绕组一起旋转时，在他看来 M 和 T 是两个通以直流而相互垂直的静止绕组。如果控制磁通的位置在 M 轴上，就和直流电动机物理模型没有本质上的区别了。这时，绕组 M 相当于励磁绕组，T 相当于伪静止的电枢绕组。

　　由此可见，以产生同样的旋转磁动势为准则，图 1.12（a）所示的三相交流绕组、图 1.12（b）所示的两相交流绕组和图 1.12（c）中整体旋转的直流绕组彼此等效。或者说，在三相坐标系下的 i_A、i_B、i_C，在两相坐标系下的 i_α、i_β 和在旋转两相坐标系下的直流 i_M、i_T 是等效的，它们能产生相同的旋转磁动势。

　　就图 1.12（c）所示的 M、T 两个绕组而言，当观察者站在地面看上去，它们是与三相交流绕组等效的旋转直流绕组；如果跳到旋转着的铁心上看，它们就的确是一个直流电动机模型了。这样，通过坐标系的变换，可以找到与交流三相绕组等效的直流电动机模型。

　　2. 矢量控制框架与坐标变换

　　图 1.13（a）所示为矢量控制的基本框架，即将异步电动机按照等效直流电动机模型进行控制。

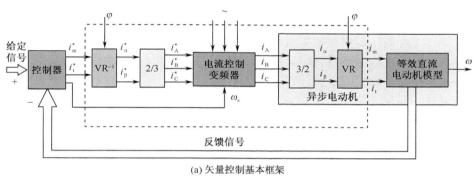

(a) 矢量控制基本框架

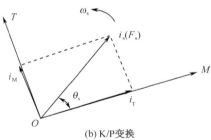

(b) K/P 变换

图 1.13　矢量控制基本框架和坐标变换

　　图 1.13（a）中要涉及多个坐标变化，包括 2/3 相变换、2s/2r 变换、K/P 变换等。

　　（1）3/2 相变换和 2/3 相变换

　　在三相静止绕组 A、B、C 和两相静止绕组 α、β 之间的变换，称为三相静止坐标系和两相静止坐标系间的变换，简称 3/2 相变换。反之，则称为 2/3 相变换。

　　（2）2s/2r 变换和 2r/2s 变换

　　从两相静止坐标系 α、β 到两相旋转坐标系 M、T 变换称为两相-两相旋转变换，简称 2s/2r 变换，其中 s 表示静止，r 表示旋转；反之，则称为 2r/2s 变换。

（3）K/P 变换

令矢量 i_s 和 M 轴的夹角为 θ_s，已知 i_M 和 i_T，求 i_s 和 θ_s，就是直角坐标/极坐标变换，简称 K/P 变换，如图 1.13（b）所示。

了解了坐标变换后，就可以理解矢量控制的主要步骤：要把三相静止坐标系上的电压方程、磁链方程和转矩方程都变换到两相旋转坐标系上来，可以先利用 3/2 相变换将方程式中定子和转子的电压、电流、磁链和转矩都变换到两相静止坐标系 α、β 上，然后再用旋转变换阵 $C_{2s/2r}$［图 1.13（a）中的 VR］，将这些变量变换到两相旋转坐标系 M 和 T 上。

因此，从图 1.13 中可以这样认为，在控制器后面引入的反旋转变换器 VR^{-1} 与电动机内部的旋转变换环节 VR 抵消，2/3 变换器与电动机内部的 3/2 变换环节抵消，如果再忽略变频器中可能产生的滞后，则图 1.13 中虚线框内的部分可以完全删去，剩下的就是直流调速系统了。

1.2.3　DTC 直接转矩控制方式

直接转矩控制是利用空间矢量坐标的概念，在定子坐标系下分析交流电动机的数学模型，控制电动机的磁链和转矩，通过检测定子电阻来达到观测定子磁链的目的，因此省去了矢量控制等复杂的变换计算，系统直观、简洁，计算速度和精度都比矢量控制方式有所提高。即使在开环的状态下，也能输出 100% 的额定转矩，对于多拖动具有负荷平衡功能。

交流电动机传动系统中的直接转矩控制技术是基于定子两相静止参考坐标系，一方面维持转矩在给定值附近，另一方面维持定子磁链沿着给定轨迹（预先设定的轨迹，如六边形或圆形等）运动，对交流电动机的电磁转矩与定子磁链直接进行闭环控制。最早提出的经典控制结构是采用 Bang-Bang 控制器对定子磁链与电磁转矩实施 Bang-Bang 控制，分别将它们的脉动限制在预先设定的范围内。Bang-Bang 调节器是进行比较与量化的环节，当实际值超过调节范围的上、下限时，它就产生动作，输出的数字控制量就会发生变化。然后由该控制量直接决定出电压型逆变器输出的电压空间向量。

直接转矩控制技术于 20 世纪 80 年代中期提出，当时的控制系统有两种典型的控制结构：德国学者的直接转矩自控制方案与日本学者的直接转矩与磁链控制方案。两者都属于直接转矩控制的范围，但仍有着较大的不同。

1. 德国 Depenbrock 教授的直接自控制（DSC）方案

直接自控制方案是针对大功率交流传动系统电压型逆变器驱动感应电动机提出的控制方案。由于当时采用大功率 GTO 半导体开关器件，考虑到器件本身的开通、关断比较慢，还有开关损耗和散热等实际问题，GTO 器件的开关频率不能太高。当时的开关频率要小于 1kHz，通常只有 500～600Hz。而即便到现在，大功率交流传动应用场合中开关频率也只能有几千赫兹。在较低的开关频率下，直接自控制方案采用的是利用两点式电压型逆变器的 6 个非零电压矢量，按照预先给定的定子磁链幅值指令顺次切换 6 个矢量，从而实现了预设的六边形定子磁链轨迹控制。在定子磁链自控制单元的基础上，通过实时地插入零电压矢量来调节电动机的转矩在合适的范围内——这是转矩自控制单元的功能。在插入零矢量时，合适地交替选择两个零电压矢量可以起到减小 GTO 开关频率的作用，如图 1.14 所示。

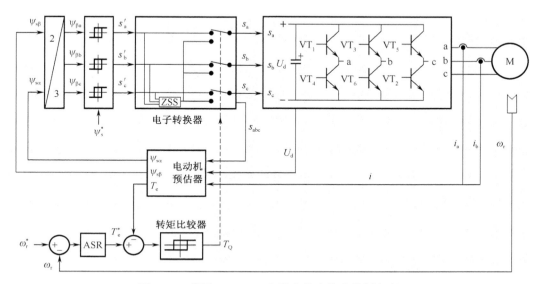

图 1.14　德国 Depenbrock 提出的直接自控制方案

六边形定子磁链轨迹运行时，定子磁链中含有较多的谐波分量。经理论分析可以知道，定子磁链与转子磁链之间是一阶函数的关系。当低速特别是大负载时，此时的转子磁链不再是圆形，含有较多的谐波分量，使转矩的低频脉动明显化。对这种方案的改进可以采用下面几种方法：

1）引入多边形定子磁链轨迹的控制（但开关频率会增加），例如，通过在合适的位置引入相应折角的方案，就可以显著减小逆变器直流环路中电流的 6 的整数倍数次谐波分量。

2）从根本上来说，引入占空比的控制，以适当调节定子磁链旋转的平均角速度，那么就会显著减小低速时转矩的脉动。

3）引入采用空间矢量脉冲宽度调制（SVPWM）的间接定子量控制（ISR），可以在系统闭环控制周期较大的情况下仍有较好的静、动态性能。

2. 日本学者 Takahashi 的 DTC 方案

该方案是一种现今研究最多的 DTC 方案，它采用了查询电压矢量表的方法来对定子磁链和电动机转矩同时进行调节（图 1.15）：根据定子磁链幅值与电动机转矩的滞环式 Bang-Bang 调节器、定子磁链矢量空间位置形成查表所需的信息，从电压矢量表中直接查出应施加的电压矢量对应的开关信号，以此来控制逆变器。这种方案为了向理想的圆形磁链轨迹靠近，采用了准圆形定子磁链轨迹以保证定子磁链幅值基本不变。当然这也就使得开关频率有较大增加。

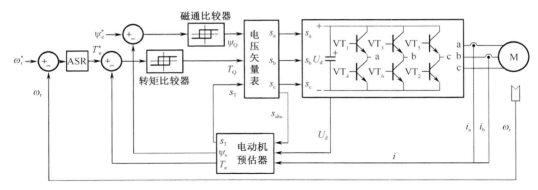

图 1.15　日本 Takahashi 提出的直接转矩与磁链控制方案

这种 DTC 技术中不同的电压矢量表会对交流传动系统的静态、动态性能有很大的影响。例如，选用反转的电压矢量可以大大加快系统的动态响应，可以防止定子磁链大幅度的减小即防止消磁的出现，但稳态时转矩有较大的脉动，同时开关频率也较大。而不采用反转的电压矢量就会出现消磁；再者，也会减慢转矩减小时的过渡过程，而其开关频率则会低一些。另外，采用不同阶数的滞环调节器、设置不同的滞环环差以及不同的负载及电动机的速度都会影响逆变器实际的开关频率，这也是直接转矩控制技术的特点之一。

1.3　变频器的电路结构

交流变频调速技术是强弱电混合、机电一体的综合性技术，既要处理巨大电能的转换（整流、逆变），又要处理信息的收集、变换和传输，因此它的共性技术必定分成功率转换和弱电控制两大部分。前者要解决与高电压大电流有关的技术问题和新型电力电子器件的应用技术问题，后者要解决基于现代控制理论的控制策略和智能控制策略的硬、软件开发问题，在目前状况下主要是全数字控制技术。

1.3.1　通用变频器的构造

通用变频器，一般都是采用交直交的方式组成，并由以下两部分组成，其基本构造如图 1.16 所示。

1. 主回路

通用变频器的主回路包括整流部分、直流环节、逆变部分、制动或回馈环节等部分。

1）整流部分：通常又被称为电网侧变流部分，它是把三相或单相交流电整流成直流电。常见的低压整流部分是由二极管构成的不可控三相桥式电路或由晶闸管构成的三相可控桥式电路。而对中压大容量的整流部分则采用多重化 12 脉冲以上的变流器。

变频器主电路构造

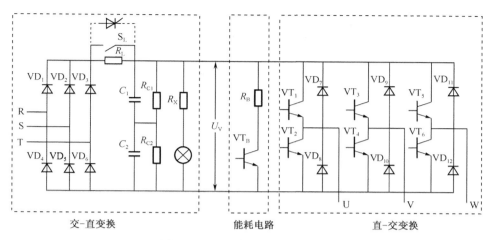

图 1.16　通用变频器的基本构造

2) 直流环节：由于逆变器的负载是异步电动机，属于感性负载，因此在中间直流部分与电动机之间总会有无功功率的交换，这种无功能量的交换一般都需要中间直流环节的储能元件（如电容或电感）来缓冲。

3) 逆变部分：通常又被称为负载侧变流部分，它通过不同的拓扑结构实现逆变元件的规律性关断和导通，从而得到任意频率的三相交流电输出。常见的逆变部分是由 6 个半导体主开关器件组成的三相桥式逆变电路。

4) 制动或回馈环节部分：由于制动形成的再生能量在电动机侧容易聚集到变频器的直流环节形成直流母线电压的泵升，因此需及时通过制动环节将能量以热能形式释放或者通过回馈环节转换到交流电网中去。

制动环节在不同的变频器中有不同的实现方式，通常小功率变频器都内置制动环节，即内置制动单元，有时还内置短时工作制的标配制动电阻；中功率段的变频器可以内置制动环节，但属于标配或选配需根据不同品牌变频器的选型手册而定；大功率段的变频器其制动环节大多为外置。至于回馈环节，则大多属于变频器的外置回路。

2. 控制回路

控制回路由变频器的核心软件算法电路、检测传感电路、控制信号的输入输出电路、驱动电路和保护电路组成。

现在以某通用变频器为例来介绍控制回路，如图 1.17 所示，它包括以下几个部分。

（1）开关电源

变频器的辅助电源采用开关电源，具有体积小、效率高等优点。电源输入为变频器主回路直流母线电压或将交流 380V 整流。通过脉冲变压器的隔离变换和变压器副边的整流滤波可得到多路输出直流电压。其中 ＋15V、－15V、＋5V 共地，±15V 给电流传感器、运放等模拟电路供电，＋5V 给 DSP 及外围数字电路供电。相互隔离的 4 组或 6 组 ＋15V

变频器控制
电路构造

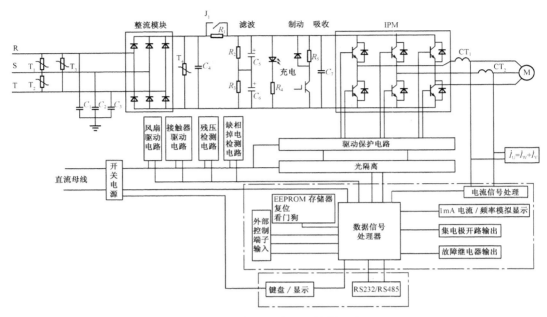

图 1.17　某通用变频器控制回路

电源给逆变驱动电路供电。＋24V 为继电器、直流风机供电。

（2）DSP（数字信号处理器）

变频器采用的 DSP 为 TMS320F240，主要完成电流、电压、温度采样、6 路PWM 输出、各种故障报警输入、电流/电压/频率设定信号输入，还完成电动机控制算法的运算等功能。

（3）输入输出端子

变频器控制电路输入输出端子包括：

1）输入多功能选择端子、正反转端子、复位端子等。

2）继电器输出端子、开路集电极输出多功能端子等。

3）模拟量输入端子，包括外接模拟量信号用的电源（12V、10V 或 5V）及模拟电压量频率设定输入和模拟电流量频率设定输入。

4）模拟量输出端子，包括输出频率模拟量和输出电流模拟量等，用户可以选择0～1mA 直流电流表或 0～10V 的直流电压表，显示输出频率和输出电流，当然也可以通过功能码参数进行选择输出信号。

（4）SCI 口

TMS320F240 支持标准的异步串口通信，通信波特率可达 625kb/s。具有多机通信功能，通过一台上位机可实现多台变频器的远程控制和运行状态监视功能。

（5）操作面板部分

DSP 通过 SPI 口，与操作面板相连，完成按键信号的输入、显示数据输出等功能。

1.3.2　电力电子器件

从一般意义上讲，电力电子器件就是用于电能变换和电能控制电路中的大功率电子器件，通常指电流为数十至数千安，电压为数百伏以上，又称功率电子器件。变频器也属于电能变换的一种，由以上可以知道，其交直交主电路应用的就是电力电子器件。

电力电子器件的发展已经有半个多世纪的历史，其发展先后经历了整流器时代、逆变器时代和变频器时代，并逐步进入了许多应用领域。在 20 世纪 50 年代，电力电子器件主要是汞弧闸流管和大功率电子管。60 年代发展起来的晶闸管，因其工作可靠、寿命长、体积小、开关速度快，而在电力电子电路中得到广泛应用。70 年代初期，已逐步取代了汞弧闸流管。到 80 年代，普通晶闸管的开关电流已达数千安，能承受的正、反向工作电压达数千伏。在此基础上，为适应电力电子技术发展的需要，又开发出门极可关断晶闸管、双向晶闸管、光控晶闸管、逆导晶闸管等一系列派生器件，以及单极型 MOS 功率场效应晶体管、双极型功率晶体管、静电感应晶闸管、功能组合模块和功率集成电路等新型电力电子器件。在 80 年代末和 90 年代初发展起来的功率半导体复合器件，以功率 MOSFET 和 IGBT 为代表，集高频、高压和大电流等特性于一身，它表明了传统电力电子技术已经进入现代电力电子时代。IGBT、MOSFET 等新型电力电子器件因其性能先进，又具有明显的节能、功能驱动作用，所以它在绿色电源、通信及计算机电源、变频调速、感应加热、新型家电、电动交通工具等领域都有广泛的应用前景。

目前，我国电力电子器件产品的技术水平仍很落后，电力电子器件产业还是以第二代产品——巨型功率晶体管（GTR）和门极可关断晶闸管（GTO）为主。像 VDMOS、IGBT、STT、SITH、MCT 等新型产品还处于研制或小批量生产阶段。而在国际上，功率 MOS 场效应管（VDMOS）器件已形成规模化生产，绝缘栅双极型晶体管（IGBT）已发展到第三代产品，目前正在向智能化模块方向发展。

1. 绝缘门极双极型晶体管（IGBT）

IGBT 是由美国 GE 公司和 RCA 公司于 1983 年首先研制的，当时容量仅 500V/20A，且存在一些技术问题。经过几年改进，IGBT 于 1986 年开始正式生产并逐渐系列化。至 20 世纪 90 年代初，IGBT 已开发完成第二代产品。目前，第三代智能 IGBT 已经出现，科学家们正着手研究第四代沟槽栅结构的 IGBT。IGBT 可视为双极型大功率晶体管与功率场效应晶体管的复合，如图 1.18 所示。通过施加正向门极电压形成沟道，提供晶体管基极电流使 IGBT 导通；反之，若提供反向门极电压则可消除沟道、使 IGBT 因流过反向门极电流而关断。IGBT 集 GTR 通态压降小、载流密度大、耐压高和功率 MOSFET 驱动功率小、开关速度快、输入阻抗高、热稳定性好的优点于一身，因此备受人们青睐。它的研制成功为提高电力电子装置的性能，特别是为逆变器的小型化、高效化、低噪化提供了有利条件。

比较而言，IGBT 的开关速度低于功率 MOSFET，却明显高于 GTR；IGBT 的通态压降同 GTR 相近，但比功率 MOSFET 低得多；IGBT 的电流、电压等级与 GTR 接

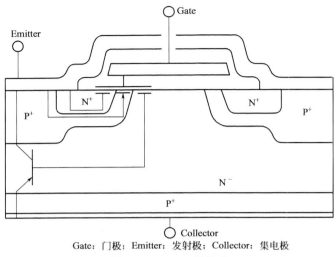

Gate：门极；Emitter：发射极；Collector：集电极

图 1.18　IGBT 的构造

近，而比功率 MOSFET 高。目前，其研制水平已达 4500V/1000A。由于 IGBT 具有上述特点，在中等功率容量（600V 以上）的 UPS、开关电源及交流电动机控制用 PWM 逆变器中，IGBT 已逐步替代 GTR 成为核心元件。另外，IR 公司已设计出开关频率高达 150kHz 的 WARP 系列 400～600V IGBT，其开关特性与功率 MOSFET 接近，而导通损耗却比功率 MOSFET 低得多。该系列 IGBT 有望在高频 150kHz 整流器中取代功率 MOSFET，并大大降低开关损耗。IGBT 的发展方向是提高耐压能力和开关频率、降低损耗以及开发具有集成保护功能的智能产品。

2. 功率集成电路

功率集成电路（PIC）是电力电子器件技术与微电子技术相结合的产物，是机电一体化的关键接口元件。将功率器件及其驱动电路、保护电路、接口电路等外围电路集成在一个或几个芯片上，就制成了 PIC。一般认为，PIC 的额定功率应大于 1W。PIC 还可以分为高压功率集成电路（HVIC）、智能功率集成电路（SPIC）和智能功率模块（IPM）。

HVIC 是多个高压器件与低压模拟器件或逻辑电路在单片上的集成，由于它的功率器件是横向的，电流容量较小，而控制电路的电流密度较大，故常用于小型电动机驱动、平板显示驱动及长途电话通信电路等高电压、小电流场合。已有 110V/13A、550V/0.5A、80V/2A 及 500V/600mA 的 HVIC 分别用于上述装置。SPIC 是由一个或几个纵向结构的功率器件与控制和保护电路集成的，电流容量大而耐压能力差，适合作为电动机驱动、汽车功率开关及调压器等。IPM 除了集成功率器件和驱动电路以外，还集成了过压、过流、过热等故障监测电路，并可将监测信号传送至 CPU，以保证 IPM 自身在任何情况下不受损坏。当前，IPM 中的功率器件一般由 IGBT 充当。由于 IPM 体积小、可靠性高、使用方便，故深受用户喜爱。IPM 主要用于交流电动机控制、家用电器等。已有 400V/55kW/20kHz IPM 面市。

自 1981 年美国试制出第一个 PIC 以来，PIC 技术获得了快速发展。今后，PIC 必将朝着高压化、智能化的方向更快发展，并进入普遍实用阶段。

1.3.3 典型变频器的主回路构成方式

根据变频器构成的电力电子器件的不同，可以将变频器的主回路构成方式分为 5 种典型方式，它们分别是晶体管变频器、门极关断晶闸管 GTO 变频器、电压型晶闸管变频器、电流型晶闸管变频器、斩波 PAM 变频器、双 PWM 变频器等。

1. 晶体管变频器及其衍生

晶体管包括晶体二极管和晶体三极管。电力电子器件技术的发展使得晶体管生产工艺技术不断得到改进，现已经能生产额定电压 1000V，额定电流 300A，容量为几百个千伏安的电力晶体管，并已模块化，完成了从 GTR 到 IGBT、IPM 的过渡。

现在的晶体管电力电子器件以高耐压、大电流、高电流放大倍数、驱动和保护良好为特征，使其在变频调速技术中扮演越来越重要的角色，已经逐步取代了以晶闸管为开关元件的晶闸管变频器。

变频器的主回路如图 1.19 所示，其中 $VD_1 \sim VD_6$ 是全桥整流电路中的二极管；$VD_7 \sim VD_{12}$ 这 6 个二极管为续流二极管，作用是消除三极管开关过程中出现的尖峰电压，并将能量反馈给电源；L 为平波电抗器，作用是抑制整流桥输出侧输出的直流电流的脉动使之平滑；$VT_1 \sim VT_6$ 是晶体管开关元件，开关状态由基极注入的电流控制信号来确定。

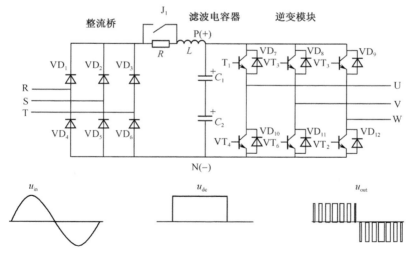

图 1.19 变频器的主回路和波形

变频器的各部分组成及功能描述如下。

（1）整流桥

整流部分由 6 只整流管组成三相整流桥，将电源的三相交流全波整流成直流，如电

源的进线电压为 U_L，则三相全波整流后平均直流电压 U_D 的大小为 $U_D = 1.35U_L$。

我国三相电源的线电压为 380V，故全波整流后的平均电压为 $U_D = 1.35U_L = 1.35 \times 380 = 513$（V）。

（2）滤波电容器

滤波电容 C_1 和 C_2 的作用是：滤平全波整流后的电压纹波；当负载发生变化时，使直流电压保持平稳。

（3）缓冲电阻和触点开关

在变频器合上电的瞬间，滤波电容器 C_1 和 C_2 上的充电电流比较大，过大的冲击电流将可能导致三相整流桥损坏。为了保护整流桥，在变频器刚接通电源的一段时间里，电路内串入缓冲电阻 R_1，以限制电容器 C_1、C_2 上的充电电流。当滤波电容 C_1、C_2 充电电压达到一定程度时，令触点开关 J_1 接通，将 R 短路。

（4）逆变模块

逆变模块是由 6 只 IGBT 管和 6 只续流二极管组成，通过控制 IGBT 管的开关顺序和开关时间，变频器将直流电（图 1.19 中的 u_{dc}）变成频率可变、电压可变的交流电。电压波形为脉宽调制波（图 1.19 中的 u_{out}）。

晶体管变频器的电路优点包括以下几点：不需要换流回路，可做到体积小、效率高；一旦有过电流或短路发生，可自动关断基极控制电流来实现逆变器回路的自关断；可实现高功率因数运行。

现在的晶体管变频器已经更多地趋向于采用第三代智能功率模块 IPM 系列产品，它采用第三代 IGBT 来代替传统的功率 MOSFET 和双极型达林顿管，并配以功能完善的控制及保护电路，构成了一种理想的高频软开关模块。这类模块特别适用于正弦波输出的变压变频（VVVF）式变频器中。IPM 系列产品的内部框图如图 1.20 所示。模块内部主要包括欠压保护电路、驱动 IGBT 的电路、过流保护电路、短路保护电路、温度传感器及过热保护电路、门电路和 IGBT。由该系列产品配 16 位单片机后即可构成通用 VVVF 变频器。

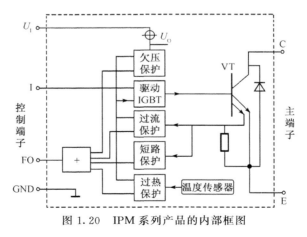

图 1.20　IPM 系列产品的内部框图

IPM 智能化功率模块的主要特点如下：

1) 它内部集成了功率芯片、检测电路及驱动电路，使主电路的结构为最简。

2) 其功率芯片采用的是开关速度高、驱动电流小的 IGBT，且自带电流传感器，可以高效地检测出过电流和短路电流，给功率芯片以安全的保护。

3) 在内部配线上将电源电路和驱动电路的配线长度控制到最短，从而很好地解决了浪涌电压及噪声影响误动作等问题。

4) 自带可靠的安全保护措施，当故障发生时能及时关断功率器件并发出故障信号，对芯片实施双重保护，以保证其运行的可靠性。

5) 由于集成度的提高使变频驱动器的体积有条件向小型化发展，以及简易化的功率驱动电路使得工程师们可以有更多时间专注于控制算法研究。

2. 门极关断晶闸管 GTO 变频器及其衍生

门极关断晶闸管 GTO 与通常所说的晶闸管略有不同。当门极注入反向控制电流后，晶闸管自行关断，而通常的晶闸管要关断须使流通电流小于关断电流，这就要求有换流回路。而门极关断晶闸管 GTO 不需要换流回路。门极关断晶闸管 GTO 与电力晶体管相比，有耐压更高、容量更大、可流通电流大的特点。对于大容量变频器，开关元件采用门极关断晶闸管 GTO 的较多。

门极关断晶闸管 GTO 变频器的主回路如图 1.21 所示，其中 $VD_1 \sim VD_6$ 组成三相全桥整流，P、N 两点电压为全波直流脉动电压；L 为电抗器，抑制主回路中直流电流的波纹因数即抑制脉动；C 为大容量滤波电容，作用是平滑整流桥输出的脉动电压。二极管 VR 与电抗器 L 的作用是：L 为限流电抗器，当负载短路电流导致流经 GTO 开关元件的电流迅速大幅度增加时，L 限制电流不超过关断电流以保持 GTO 能随时受控关断；VR 为续流二极管，抑制 GTO 关断时两端的电压，为 L 提供放电回路。每路 GTO 都并联了二极管、电容、电阻，作用是吸收浪涌电流并保护 GTO 不受过电压损伤。6 只 GTO 元件（$GT_1 \sim GT_6$）承受电压与流通电流的关系都一样，仅彼此之间有固定的相位差，而 GTO 的门极电压及电流由控制回路给出。

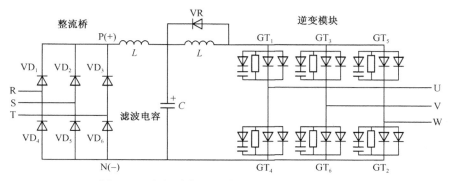

图 1.21　门极关断晶闸管 GTO 变频器的主回路

门极关断晶闸管 GTO 变频器特别适合高耐压、大电流和大容量的场合，由于 GTO 可实现自关断，因此主回路简单，并使整个变频器装置更加小型化、重量轻、效率高，在控制性能上高于晶闸管同类装置。

但是 GTO 也有不足之处，那就是门极为电流控制，驱动电路复杂，驱动功率大（关断增益 $\beta = 3 \sim 5$）；关断过程中内部成百甚至上千个 GTO 元胞不均匀性引起阴极电流收缩（挤流）效应，必须限制 du/dt。为此需要缓冲电路（亦称吸收电路），而缓冲电路既增大体积、重量、成本，又徒然增加损耗。另外，"拖尾"电流使关断损耗大，因而开关频率低。

在 GTO 的基础上，近年开发出一种门极换流晶闸管（GCT），它采用了一些新技术。例如，穿透型阳极，使电荷存储时间和拖尾电流减小，制约了二次击穿，可无缓冲器运行；加 N 缓冲层，使硅片厚度以及通态损耗和开关损耗减少；特殊的环状门极，使器件开通时间缩短且串、并联容易。因此，GCT 除具有 GTO 高电压、大电流、低导通压降的优点之外，还改善了其开通和关断性能，使工作频率有所提高。为了尽快（如 $1\mu s$ 内）将器件关断，要求在门极 PN 不致击穿的 $-20V$ 下能获得快于 $4000A/\mu s$ 的变化率，以使阳极电流全部经门极极快泄流（即关断增益为 1），必须采用低电感触发电路。为此，将这种门极电路配以功率 MOSFET 强驱动与 GCT 功率组件集成在一起，构成集成门极换流晶闸管（IGCT）。其改进形式之一则称为对称门极换流晶闸管（SGCT），两者具有相似的特性。IGCT 还可将续流二极管做在同一芯片上集成逆导型，可使装置中器件数量减少。

3. 电压型晶闸管变频器

所谓电压型晶闸管变频器，就是指变频器对于电动机来讲相当于一个电压源，换流过程发生在变频器内部，这种变频器适合任何种类的负载。

电压型晶闸管变频器的优点是可采用多重单元并列化，并通过一个大容量耦合变压器将诸并列单元提供的能量耦合集中输出，形成大容量，同时，此种方式的输出电压波形和电流波形更接近正弦波了。同时，这种类型的变频器通用性很强，可以驱动各种不同的负载，比如一套变频器同时带动多台负载甚至是性质各异的负载。

4. 电流型晶闸管变频器

电流型晶闸管变频器属于电流源供电装置，因此限制电流比较容易，适合对各种电动机进行频繁加速、减速操作的场合。

由于晶闸管制造工艺技术水平的大大提高，使用高耐压的晶闸管可制造大容量的变频器，采用脉宽调制 PWM 控制方式，低速区调速性能也很优异。目前，应用电流型晶闸管变频器的主要有钢铁、造纸行业的变速控制。

5. 斩波 PAM 变频器

在脉宽调制控制方式中，对应一个正弦波，开关元件的开关频率多达几十次，对于一些高速及超高速运行的电动机，它所要求的变频器输出频率就非常高（如 $600Hz$ 以上），此时采用 PWM 调制方式，开关元件的开关频率可能高达几千甚至几万赫兹，因此，这样高的开关频率对于 PWM 调制不再适合。可采用斩波 PAM

（脉幅调制）控制方式的变频器，也就是输出交流电压的大小是通过调节直流电压幅值来实现的。

  6. 双 PWM 变频器及其衍生

  交直交电压型变频器的主电路输入侧一般是经三相桥式不控整流器向中间直流环节的滤波电容充电，然后通过 PWM 控制下的逆变器输入到交流电动机上。虽然这样的电路成本低、结构简单、可靠性高，但是由于采用三相桥式不控整流器，使得功率因数低、网侧谐波污染以及无法实现能量的再生利用等。而整流电路中采用自关断器件进行 PWM 控制，可使电网侧的输入电流接近正弦波并且功率因数达到 1，可以彻底解决对电网的污染问题，如图 1.22 所示。

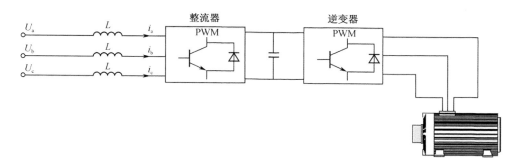

图 1.22　双 PWM 控制的变频器

  由 PWM 整流器和 PWM 逆变器无需增加任何附加电路，就可实现系统的功率因数约等于 1，消除网侧谐波污染，使能量双向流动，方便电动机四象限运行，同时对于各种调速场合，使电动机很快达到速度要求，动态响应时间短。

  双 PWM 控制技术的工作原理：①当电动机处于拖动状态时，能量由交流电网经整流器中间滤波电容充电，逆变器在 PWM 控制下将能量传送到电动机；②当电动机处于减速运行状态时，由于负载惯性作用进入发电状态，其再生能量经逆变器中开关元件和续流二极管向中间滤波电容充电，使中间直流电压升高，此时整流器中开关元件在 PWM 控制下将能量回馈到交流电网，完成能量的双向流动。同时由于 PWM 整流器闭环控制作用，使电网电流与电压同频同相位，提高了系统的功率因数，消除了网侧谐波污染。

  双 PWM 控制技术打破了过去变频器的统一结构，采用 PWM 整流器和 PWM 逆变器，提高了系统功率因数，并且实现了电动机的四象限运行，这给变频器技术增添了新的生机，形成了高质量能量回馈技术的最新发展动态。

1.3.4　运算电路与微处理器

  微处理器的进步使数字控制成为现代控制器的发展方向，交流电动机高性能的控制系统是快速系统，特别需要存储多种数据和快速实时处理大量信息。

1. 单片机

从 20 世纪 70 年代到现在，单片机在交流调速系统中得到了广泛应用。例如，由 Intel 公司 1983 年开发生产的 MCS-96 系列是目前性能较高的单片机系列之一，可适用于高速、高精度的工业控制，其高档型（如 $8\times196KB$、$8\times196KC$、$8\times196MC$ 等）在通用开环交流调速系统中应用较多。

单片机的最大优点是：在同一个芯片中可以进行各种条件判断，并作出相应处理。采用单片机控制的变频器控制系统，摆脱了以往 SCR 模拟控制系统控制精度低、稳定性差的弱点，且日益小型化。随着单片机产品的质量和性能的不断提高，其指令执行周期不断缩短，CPU 的位数不断增加。

2. DSP

DSP，即数字信号处理器，它具有高时钟频率、浮点运算等特点。DSP 的最大速度为 20～40MIPS（即每秒 20～40 百万条指令），单周期指令执行时间快达几十纳秒，它和普通的单片机相比，处理数字运算能力增强 10～15 倍，确保系统有更优越的控制性能。

近几年来，随着交流电动机控制理论的不断发展，控制策略和控制算法也日益复杂，扩展卡尔曼滤波、FFT、状态观测器、自适应控制、人工神经网络等均应用到了各种交流电动机的矢量控制或直接转矩控制中，国外各大公司纷纷推出以 DSP 为基础的内核，配以电动机控制所需的外围功能电路，集成在单一芯片内的称为 DSP 单片电动机控制器（如 ADI 的 ADMC3××系列、TI 的 TMS320C240 和 Motorola 的 DSP56F8××系列），价格大大降低，体积更加缩小，结构趋于紧凑，使用更便捷，可靠性日益提高。

目前，DSP 芯片在全数字化的高性能交流调速系统中找到施展身手的舞台，其结构也已经从原来的运算协处理器地位上升到单独的高速单片机。如 TI 公司的 MCS320F240 等 DSP 芯片，以其较高的性能价格比成为全数字化交流调速系统的首选。

3. 其他微处理器

除了单片机和 DSP 数字信号处理器外，还有其他微处理器也在变频调速系统得到一定的尝试和应用，主要有以下两种：简指令集计算机和高级专用集成电路。

简指令集计算机，即 RISC，它依靠硬件和软件的优化组合来提高速度，它放弃了某些运算复杂而用处不大的指令，省出这些指令所占用的硬件资源，以提高简单指令的运算速度和软件运行的整体效率。简指令集计算机是一种矢量处理器，在一个给定的周期内，能并行执行多条指令，其运算速度为每秒百万条指令 MIPS，如 DEC 公司 AL-PHA 的峰值速度理论上可达 300～400MIPS，显然比上面的数字信号处理器 DSP 要高出许多。

高级专用集成电路，即 ASIC，它能完成特定的控制功能。如德国 IAM 推出的 VECON 就是一个交流变频与伺服系统的单片机矢量控制器，它包含控制器、能完成矢量运算的数字信号处理器 DSP、PWM 定时器、其他外围和接口电路。高级专用集成电路 ASIC 都是集成在一个芯片之内，使可靠性大为提高，而成本反而降了下来。

4. 微处理器控制的特点

变频器采用微处理器的控制具有以下 3 个特点。

1）可靠性和稳定性增强。大规模集成电路的采用，大大降低了硬件的连线和芯片数量，故障点减少；同时采用数字量控制，信号畸变小，更趋于稳定。

2）控制精度高和实时响应快。微处理器的精度与字长有关，通用变频器使用 16 位，甚至 32 位微处理器，其精度不断提高，从而计算出的浮点数精度也相应提高，保证了矢量控制的速度与精度。同时，微处理器的计算速度更快，数量级为每秒百万条指令，保证了矢量计算中的数据实时响应能力。

3）存储能力大和软件更灵活。变频器采用高性能的微处理器，系统存储容量增大，存放时间不受限制，因此现在可以实现更多的功能码参数和历史数据记录。在软件层面上，可以实现更加贴近用户化、行业化的特定控制功能，比如适当修改软件、增加用户应用宏、改善控制对象等，灵活的软件应用将更有可能。

总而言之，微处理器的应用使变频器控制硬件更加简化，柔性的控制算法使控制具有很大的灵活性，可实现复杂控制规律，最终使现代控制理论在运动控制系统中应用成为现实，易于与上层系统连接进行数据传输，便于故障诊断以加强保护和监视功能，使系统智能化（如有些变频器具有自调整功能）。

5. 变频器的 PWM 控制

PWM 控制是交流调速系统的控制核心，任何控制算法的最终实现几乎都是以各种 PWM 控制方式完成的。目前已经提出并得到实际应用的 PWM 控制方案就不下十几种，尤其是微处理器应用于 PWM 技术并使之数字化以后，花样更是不断翻新，从最初追求电压波形的正弦，到电流波形的正弦，再到磁通的正弦；从效率最优，转矩脉动最少，再到消除噪声等，PWM 控制技术的发展经历了一个不断创新和不断完善的过程。到目前为止，还有新的方案不断提出，进一步证明这项技术的研究方兴未艾。

其中，空间矢量 PWM 技术以其电压利用率高、控制算法简单、电流谐波小等特点在交流调速系统中得到越来越多的应用。

1.3.5　驱动电路与开关电源

1. 驱动电路

驱动电路只是一个统称，随着技术的不断发展，驱动电路本身也经历了从插脚式元件的驱动电路到光耦驱动电路，再到厚膜驱动电路，以及比较新的集成驱动电路，现在前面提到的后三种驱动电路在维修中还是经常能遇到的。

电路用于将主控电路中 CPU 所产生的 6 个 PWM 信号经光耦隔离和放大后，作为逆变电路的环流器件（简称"逆变模块"）的驱动信号。

如图 1.23 所示为典型的 IGBT 驱动结构，它包括隔离放大电路、驱动放大电路和驱动电路电源组成。

如图 1.24 所示为一典型的变频器驱动电路，它包括隔离放大、驱动放大和驱动电源三部分。

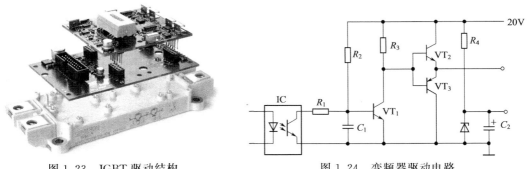

图 1.23　IGBT 驱动结构　　　　　　图 1.24　变频器驱动电路

（1）隔离放大电路

驱动电路中的隔离放大电路就是对 PWM 信号起隔离与放大的作用，为了保护变频器主控电路中的 CPU，当 CPU 送出 PWM 信号后，首先应通过光耦隔离集成电路将驱动电路和 CPU 隔离，这样当驱动电路发生故障和损坏时，不至于将 CPU 也损坏。

隔离电路可根据信号相位的需要分为反相隔离电路和同相隔离电路两种，具体如图 1.25 所示。隔离电路中的光耦容易损坏，它损坏后，主控 CPU 所产生的 PWM 信号就被隔断，自然这一路驱动电路中就没有驱动信号输出。

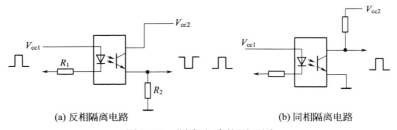

(a) 反相隔离电路　　　　　　　　　(b) 同相隔离电路

图 1.25　隔离电路的原理图

（2）驱动放大电路

驱动放大电路是将光耦隔离后的信号进行功率放大，使之具有一定的驱动能力，这种电路一般都采用双管互补放大的电路形式，驱动功率要求大的变频器，驱动放大电路采用二级驱动放大。同时，为了保证 IGBT 所获得的驱动信号幅值控制在安全范围内，驱动电路的输出端串联两个极性相反连接的稳压二极管。

驱动放大电路中容易损坏的器件是晶体管，这部分电路损坏后，若输出信号保持低电平，相对应的换流元件处于截止状态，不能起到换流作用。

如果输出信号保持高电平，相对应的换流元件就处于导通状态，当同桥臂的另外一个换流元件也处于导通状态时，这一桥臂就处于短路状态，会烧毁这一桥臂的逆变模块。

如图 1.26 所示为典型的驱动电路电源，它的作用是给光耦隔离集成电路的输出部分和驱动放大电路提供电源。注意一点，驱动电路的输出不在 U_p 与 0V 之间，而是在 U_p 与 U_{VZ} 之间。当驱动信号为低电平时，驱动输出电压为负值（约 $-U_{VZ}$），保证可靠截止，这提高了驱动电路的抗干扰能力。

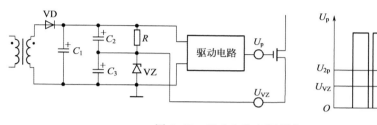

图 1.26　驱动电路电源部分

2. 开关电源

开关电源是利用电子开关器件（如晶体管、场效应管、可控硅闸流管等），通过控制电路，使电子开关器件不停地"接通"和"关断"，让电子开关器件对输入电压进行脉冲调制，从而实现 DC/AC、DC/DC 电压变换，以及输出电压可调和自动稳压。

开关电源一般有三种工作模式：频率、脉冲宽度固定模式，频率固定、脉冲宽度可变模式以及频率、脉冲宽度可变模式。前一种工作模式多用于 DC/AC 逆变电源，或 DC/DC 电压变换；后两种工作模式多用于开关稳压电源。另外，开关电源输出电压也有三种工作方式：直接输出电压方式、平均值输出电压方式和幅值输出电压方式。同样，前一种工作方式多用于 DC/AC 逆变电源，或 DC/DC 电压变换；后两种工作方式多用于开关稳压电源。

根据开关器件在电路中连接的方式，目前比较广泛使用的开关电源，大体上可分为：串联式开关电源、并联式开关电源和变压器式开关电源三大类。其中，变压器式开关电源（后面简称变压器开关电源）还可以进一步分成推挽式、半桥式、全桥式等多种；根据变压器的激励和输出电压的相位，又可以分成正激式、反激式、单激式和双激式等多种；如果从用途上来分，还可以分成更多种类。

图 1.27（a）是串联式开关电源的最简单工作原理图，图 1.27（a）中 U_i 是开关电源的工作电压，即直流输入电压；K 是控制开关，R 是负载。当控制开关 K 接通的时候，开关电源就向负载 R 输出一个脉冲宽度为 T_{on}，幅度为 U_i 的脉冲电压 U_p；当控制开关 K 关断的时候，又相当于开关电源向负载 R 输出一个脉冲宽度为 T_{off}，幅度为 0 的脉冲电压。这样，控制开关 K 不停地"接通"和"关断"，在负载两端就可以得到一个脉冲调制的输出电压 u_o。

图 1.27（b）是串联式开关电源输出电压的波形，由图中看出，控制开关 K 输出电压 u_o 是一个脉冲调制方波，脉冲幅度 U_p 等于输入电压 U_i，脉冲宽度等于控制开关 K 的接通时间 T_{on}，由此可求得串联式开关电源输出电压 u_o 的平均值 U_a 为

$$U_a = U_i \frac{T_{on}}{T} = D \times U_i \tag{1-17}$$

式中，T_{on} 为控制开关 K 接通的时间，T 为控制开关 K 的工作周期。改变控制开关 K 接通时间 T_{on} 与关断时间 T_{off} 的比例，就可以改变输出电压 u_o 的平均值 U_a。一般人们都把 $\frac{T_{on}}{T}$ 称为占空比（Duty），用 D 来表示，即

$$D = \frac{T_{on}}{T} \tag{1-18}$$

或

$$D = \frac{T_{on}}{T_{on} + T_{off}} \tag{1-19}$$

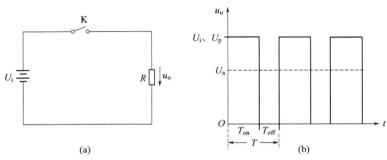

图 1.27 开关电源

串联式开关电源输出电压 u_o 的幅值 U_p 等于输入电压 U_i，其输出电压 u_o 的平均值 U_a 总是小于输入电压 U_i，因此，串联式开关电源一般都是以平均值 U_a 为变量输出电压。所以，串联式开关电源属于降压型开关电源。

串联式开关电源也称为斩波器，由于它工作原理简单，工作效率很高，因此其在输出功率控制方面应用很广。例如，电动摩托车速度控制器以及灯光亮度控制器等，都是属于串联式开关电源的应用。如果串联式开关电源只单纯用于功率输出控制，电压输出可以不用接整流滤波电路，而直接给负载提供功率输出；但如果用于稳压输出，则必须要经过整流滤波。

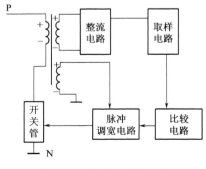

图 1.28 变频器开关电源

串联式开关电源的缺点是输入与输出共用一个地，因此，容易产生 EMI 干扰和底板带电，当输入电压为市电整流输出电压的时候，容易引起触电，对人身不安全。

如图 1.28 所示是典型的变频器开关电源，它由变压器、整流电路、取样电路、比较电路、脉冲调宽电路和开关管组成。其工作过程如下：P 端直流高压加到高频脉冲变压器初级线圈的一端，开关调整管串接脉冲变压器另外一个初级线圈的一端，再接到直流高压 N 端。开关管周期地

导通、截止，使得初级直流电压变换成矩形波，由脉冲变压器耦合到次级线圈，再经整流滤波后，就获得了相应的直流输出电压。它又对输出电压取样比较，去控制脉冲调宽电路，以改变脉冲宽度的方式使得输出电压稳定。

如图 1.29 所示为一典型的变频器开关电源实例。它包括自激振荡电路、稳压电路和直流电压输出电路等。

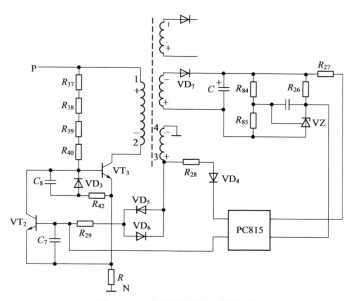

图 1.29　变频器开关电源实例

（1）自激振荡电路

自激振荡电路由开关管 VT_3、脉冲变压器初级绕组、晶体管 VT_2 及相应元器件组成。当变频器接通电源后，主回路产生的直流电压通过电阻 $R_{37} \sim R_{40}$ 对电容 C_8 充电，VT_3 控制极 G 上电压随 C_8 充电而上升，使 VT_3 进入放大状态。脉冲变压器初级产生上正下负的电压 U_1，同时，次级绕组产生 3 正 4 负的感应电压 U_2，U_2 经 C_8、VT_3 控制极电压提升而饱和。U_2 经 R_{29} 对 C_7 进行充电，VT_2 基极电位随 C_7 充电而上升，使 VT_2 饱和，VT_3 随之截止。脉冲变压器初级绕组电流为 0，次级 3、4 端电压为 0，C_7 通过 R_{29} 放电，导致 VT_2 截止。这时，直流电压又通过 $R_{37} \sim R_{40}$ 对电容 C_8 进行充电，重复上述过程。

（2）稳压电路

R_{85} 和 R_{84} 为输出直流电压取样电阻，VZ 为稳压二极管，通过光耦隔离 PC815 控制晶体管 VT_2 的导通。该稳压电路为单向稳压，也就是说，输出电压过高时，稳压电路能输出直流电压，稳定在规定的电压值上；当输出过低时，则不起稳压作用。

（3）直流电压输出电路

脉冲变压器的次级绕组街上整流二极管和滤波电容，就组成了各路的直流电压输出电路。需要注意的是，开关电路中的脉冲信号频率较高，整流二极管的工作频率较高。二极管应选用高频二极管，滤波电容的容量可比工频整流电路中的滤波电容的容量小一些。

1.4 变频器的分类与特点

1.4.1 变频器的分类

变频器具有较多的品牌和种类，很多用户在咨询时往往会发现价格相差很大。用户一般都倾向于选择性能较好而价格相对较低的变频器品牌和种类，因此必须了解变频器的技术特性，并根据实际工艺环节及其具体要求来选择变频器。

为便于用户的理解，通常会按照以下分类法对变频器进行分类。

1. 根据变频器的变流环节的不同进行分类

（1）交直交变频器

交直交变频器是先将频率固定的交流电"整流"成直流电，再把直流电"逆变"成频率任意可调的三相交流电，又称间接式变频器。目前应用广泛的通用型变频器都是交直交变频器。

（2）交交变频器

交交变频器就是把频率固定的交流电直接转换成频率任意可调的交流电，而且转换前后的相数相同，又称直接式变频器。

图 1.30 所示为三相零式交交变频器的组成电路，它是由三组结构完全相同的三相输入、单相输出的变频器组成。每一相都由正、负两组相控整流器组成，通过适当的相位控制，使两组整流器轮流导通，正、负组整流器分别流过负载中的正向和反向输出电流。

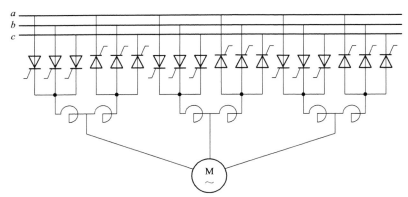

图 1.30　交交变频器的组成电路

交交变频器采用晶闸管作为主功率器件，在轧机和矿井卷扬机传动方面有很大的需求。晶闸管的最大优点就是开关功率大（可达 5000V/5000A），适合于大容量交流电动机调速系统。同时，大功率晶闸管的生产技术和功能技术相当成熟，通过与现代交流电动机控制理论的数字化结合，将具有较强的竞争力。目前，交交变频器主要与大功率电动机配套使用，其在冶金、煤炭等行业中已广泛推广应用。

由冶金自动化研究设计院、北京金自天正智能控制股份有限公司共同研制成功了国产 100mm 直径高压大功率晶闸管元件以及高压大功率交交变频功率柜，其交交变频器单套容量已达 20MVA，用于驱动 9MW 大型轧钢同步电动机，达到国际先进水平。

但是交交变频器也存在一些固有缺点：调速范围小，当电源为 50Hz 时，最大输出频率不超过 20Hz；另一方面，功率因数低、谐波污染大，因此需要同时进行无功补偿和谐波治理。

2. 根据直流电路的储能环节（或滤波方式）分类

（1）电压型变频器

电压型变频器的储能元件为电容器，其特点是中间直流环节的储能元件采用大电容，负载的无功功率将由它来缓冲，直流电压比较平稳，直流电源内阻较小，相当于电压源，故称电压型变频器，常用于负载电压变化较大的场合。中、小容量变频器以电压型变频器为主。

电压型变频器的主电路半导体开关器件经历了晶闸管、电力晶体管 GTR 和绝缘栅晶体管 IGBT 3 个阶段，目前市场上应用的都已经是采用 IGBT 电力电子器件形式的变频器。

电压型变频器的优点是在额定容量的范围内，可以驱动多台电动机并联运行，具有不选择负载的通用性；其缺点是在处理再生电压问题时一般只能进行能耗制动，导致能量回馈电网较难，在特殊情况下（如制动频繁或有能量反馈要求的）只能选择可逆变频器一类的独立式能量反馈装置。

（2）电流型变频器

电流型变频器的储能元件为电感线圈，因此其特点是中间直流环节采用大电感作为储能环节，缓冲无功功率，即扼制电流的变化，使电压接近正弦波。由于该直流内阻较大，故称电流型变频器。

电流型变频器的特点（优点）是能扼制负载电流频繁而急剧的变化。常用于负载电流变化较大的场合，如频繁加、减速的大容量电动机的传动，或者是大容量风机和泵类的节能调速。

3. 根据电压的调制方式分类

（1）正弦波脉宽调制（SPWM）变频器

正弦波脉宽调制变频器是指输出电压的大小是通过调节脉冲占空比来实现的，且载频信号用等腰三角波，而基准信号采用正弦波。中、小容量的通用变频器几乎全都采用此类变频器。

SPWM 变频器的功率因数高，调节速度快；输出电压和电流波形接近正弦波，改善了由矩形波引起的电动机发热、转矩降低等电动机运行性能，适用于单台或多台电动机并联运行、动态性能要求高的调速系统。

（2）脉幅调制（PAM）变频器

脉幅调制变频器是指将变压与变频分开完成，即在把交流电整流为直流电的同时改变直流电压的幅值，而后将直流电压逆变为交流电时改变交流电频率的变压变频控制方式。在脉幅调制控制方式下，逆变器只负责调节输出频率，而输出电压的大小是通过调节直流电压幅值来实现的，如相控整流器或者直流斩波器。在这种方式下，当系统在低速运行时，谐波和噪声都比较大。

在超精密加工和高性能机械中，常常要用到高速电动机，可采用 PAM 控制方式的高速电动机驱动变频器。该类变频器的输出频率可以达到 3kHz，在驱动两极异步电动机时，电动机的最高转速可以达到 180000r/min。

关于这两种变频器的区别在于 PAM 调速要采用可控整流器，并对可控整流器进行导通角控制，而 SPWM 调速则采用不控整流器，工作时无需对整流器进行控制。

4. 根据输入电源的相数分类

（1）三进三出变频器
变频器的输入侧和输出侧都是三相交流电，绝大多数变频器属此类。
（2）单进三出变频器
变频器的输入侧为单相交流电，输出侧是三相交流电，俗称"单相变频器"。该类变频器通常容量较小，且适合在单相电源情况下使用，如家用电器里的变频器均属此类。

单相变频器

在许多场合需使用三相交流电动机，但现场却只有单相电源，而要安装三相电源非常困难。因此可以将这种变频器应用在需要三相交流电源而现场只有单相交流电源的场合。

举个例子，有一台仪表车床，其驱动电动机为三相异步电动机，额定电压为 380V，额定功率为 2.2kW，星形接法。由于现场无法提供三相交流电源，因此采用一台富士 FVR-E11S 单相 220V 输入变频器，将单相电源转换为三相电源供电动机使用。变频器的输入端接单相 220V 电源，输出端电压为三相 220V 接三相异步电动机，由于电动机的额定电压为 380V，接法为星形，因此应将电动机改为三角形接法，这样电动机每相绕组的线电压均等于 220V，所以电动机功率仍为 2.2kW 不变。

单相输入系列变频器一般容量较小，在 2.2kW 以下，因此只适用于功率较小的电动机。

5. 根据负载转矩特性分类

（1）P 型机变频器
适用于变转矩负载的变频器。
（2）G 型机变频器
适用于恒转矩负载的变频器。
（3）P/G 合一型变频器
同一种机型既适用于变转矩负载，又适用于恒转矩负载。同时，在变转矩方式下，其标称功率大一挡。

6．根据应用场合分类

（1）通用变频器

通用变频器的特点是其通用性，可应用在标准异步电动机传动、工业生产及民用、建筑等各个领域。通用变频器的控制方式已经从最简单的恒压频比控制方式向高性能的矢量控制、直接转矩控制等方向发展。

（2）专用变频器

专用变频器的特点是其行业专用性，它针对不同的行业特点集成了可编程序控制器及很多硬件外设，可以在不增加外部板件的基础上直接应用于行业中。例如，恒压供水专用变频器就能处理供水中变频与工频切换、一拖多控制等。

类似的还有纺织专用变频器解决摆频和计长等问题、张力专用变频器解决收卷和放卷的恒张力问题、电梯专用变频器解决曳引机和门机的问题等，具体可以参见第 3 章中相关内容。

7．根据系统应用分类

（1）部件级变频器

部件级变频器又称元器件级变频器，如西门子的 V20 系列变频器，能够非常方便地当作电气元器件来实现其调速功能。

（2）工程型变频器

工程型变频器又称自动化级变频器，如西门子的 S120 系列、ABB 的 ACS800 系列、AB 的 PowerFlex 7 系列。

1.4.2　变频器的技术规范

1．输入侧的额定数据

变频器输入侧的额定数据包括以下内容。

1）输入电压 U_{IN} 即电源侧的电压。在我国，低压变频器的输入电压通常为 380V（三相）和 220V（单相）。此外，变频器还对输入电压的允许波动范围作出规定，如 $\pm 10\%$、$-15\% \sim +10\%$ 等。

2）相数，如单相、三相。

3）频率 f_{IN} 即电源频率（常称工频），我国为 50Hz。频率的允许波动范围通常规定在 $\pm 5\%$ 范围。

2．输出侧的额定数据

变频器输出侧的额定数据包括以下内容。

1）额定电压 U_N 因为变频器的输出电压要随频率而变，所以，U_N 定义为输出的最大电压。通常它总是和输入电压 U_{IN} 相等的。

2）额定电流 I_N 变频器允许长时间输出的最大电流。

3）额定容量 S_N 由额定线电压 U_N 和额定线电流 I_N 的乘积决定，即

$$S_N = 1.732 U_N I_N$$

4）容量 P_N 在连续不变负载中，允许配用的最大电动机容量。必须注意：在生产机械中，电动机的容量主要是根据发热状况决定的。在变动负载、断续负载及短时负载中，只要温升不超过允许值，电动机是允许短时间（几分钟或几十分钟）过载的，而变频器则不允许。所以，在选用变频器时，应充分考虑负载的工况。

5）过载能力指变频器的输出电流允许超过额定值的倍数和时间。大多数变频器的过载能力规定为 150%、1min。可见，变频器的允许过载时间与电动机的允许过载时间相比是微不足道的。

1.5 技能训练1：三菱 D700 变频器的试运行

1.5.1 认识三菱 D700 变频器

三菱 700 系列变频器是从原先的 500 系列演变而来，共包括 A700/D700/E700/F700 四种类型。700 系列的变频器在端子排布和参数设置上具有共通性，因此，只要了解了其中一种类型的变频器，就可以触类旁通。这里以 D700 变频器为例进行介绍。

从包装箱取出 1.5kW 三菱变频器 D700，如图 1.31（a）所示，检查正面盖板的容量铭牌和图 1.31（b）所示的机身侧面额定铭牌，确认变频器型号，产品是否与订货单相符，机器是否有损坏。

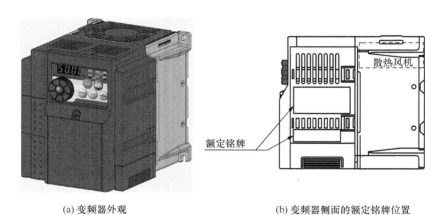

(a) 变频器外观　　　　　　　　　　(b) 变频器侧面的额定铭牌位置

图 1.31 三菱 D700 变频器外观及铭牌位置

如图 1.32（a）所示，观察三菱 D700 变频器的铭牌。同时从铭牌中理解三菱变频器的命名规则，如图 1.32（b）所示，其中 D740 为 D700 系列中的一种，为输入电压 3 相 400V 级。另外一种为 D720S，为输入电压单相 200V 级。

从命名规则中可以知道，用于交流电动机传动的变频器其容量非常重要，在一般情况下，电动机容量与变频器容量必须匹配，否则会出现过流、过载等异常现象。如表 1.2所示为三菱 D700 变频器与电动机匹配对应。

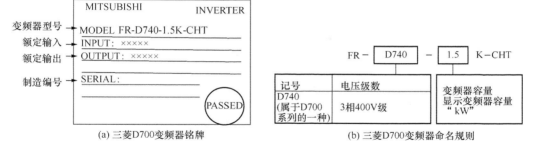

(a) 三菱D700变频器铭牌　　　　　　　(b) 三菱D700变频器命名规则

图 1.32　三菱 D700 变频器铭牌与命名规则

表 1.2　三菱 D700 变频器与电动机匹配对应表

适用变频器		电动机输出/kW
3 相 400V	FR-D740-0.4K-CHT	0.4
	FR-D740-0.75K-CHT	0.75
	FR-D740-1.5K-CHT	1.5
	FR-D740-2.2K-CHT	2.2
3 相 400V	FR-D740-3.7K-CHT	3.7
	FR-D740-5.5K-CHT	5.5
	FR-D740-7.5K-CHT	7.5
单相 200V	FR-D720S-0.1K-CHT	0.1
	FR-D720S-0.2K-CHT	0.2
	FR-D720S-0.4K-CHT	0.4
	FR-D720S-0.75K-CHT	0.75
	FR-D720S-1.5K-CHT	1.5
	FR-D720S-2.2K-CHT	2.2

1.5.2　实战任务 1：1.5kW 三菱 D700 变频器带电动机试运行

【训练要求】

选择一台 1.5kW 三菱 D700 变频器和一台 1.5kW 三相交流电动机进行相应的主电路连线，使得该变频器可以通过面板对电动机进行调速运行（图 1.33）。

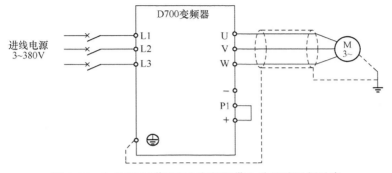

图 1.33　1.5kW 三菱 D700 变频器带电动机试运行示意

【训练步骤】

训练步骤①：准备一台 1.5kW 三菱 D700 变频器、一个 10A 三相断路器、一台 1.5kW 三相笼型异步电动机、一卷 2.5mm² 电线和一套安装工具。

训练步骤②：拆下 D700 变频器的前盖板和配线盖板，并将它垂直安装在安装板上。

首先，如图 1.34（a）所示，旋松 D700 变频器前盖板用的安装螺丝，其螺丝不能卸下；如图 1.34（b）所示将前盖板沿箭头所示方向向前面拉，将其卸下。

其次，如图 1.35 所示拆卸配线盖板。

再次，如图 1.36 所示将变频器固定在安装板上。

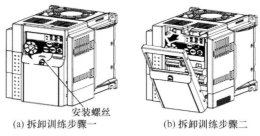

(a) 拆卸训练步骤一　　　　　　(b) 拆卸训练步骤二

图 1.34　拆卸前盖板

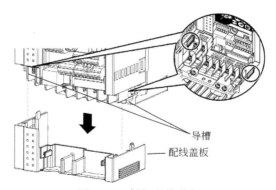

图 1.35　拆卸配线盖板

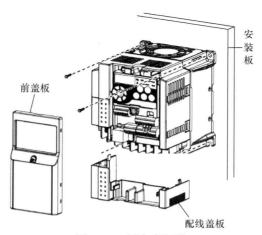

图 1.36　固定变频器

在安装时，必须按图 1.37 所示来进行。

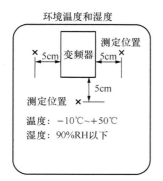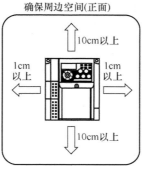

图 1.37　安装环境示意

最后，按照图 1.38 所示进行主电路接线，包括电源进线和 1.5kW 三相笼型异步电动机接线，注意为保证电气安全，必须进行可靠接地。

训练步骤③：熟悉 D700 变频器的操作面板。

对三菱 D700 变频器进行操作、运行、调试和维护等都首先需要熟悉操作面板 PU，如图 1.39 所示为 PU 按键和指示灯的具体功能和含义。D700 变频器的面板不能从变频器本体上拆下，操作面板主要分为以下几个部分。

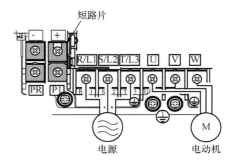

图 1.38　变频器主电路接线

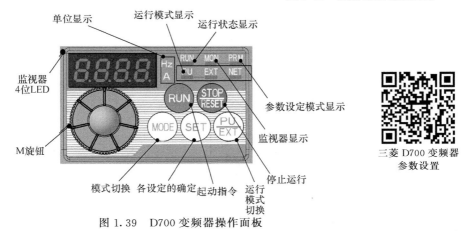

图 1.39　D700 变频器操作面板

★运行模式显示。PU：PU 运行模式时亮灯；EXT：外部运行模式时亮灯；NET：网络运行模式时亮灯；PU、EXT：外部/PU 组合运行模式 1、2 时亮灯。

★单位显示。Hz：显示频率时亮灯；A：显示电流时亮灯。另外在显示电压时熄灯，显示设定频率监视时闪烁。

★监视器（4 位 LED）。用于显示频率、参数编号等。

★M 旋钮。M 为三菱的英文 Mitsubishi 的首字母，因此，M 旋钮即三菱变频器的旋钮，它用于变更频率设定、参数的设定值。按该旋钮可显示"监视模式时的设定频率"、"校正时的当前设定值"、"错误历史模式时的顺序"等内容。

★模式切换。用于切换各设定模式。该键和 PU/EXT 键同时按下也可以用来切换运行模式。长按此键（2 秒）可以锁定操作。

★各设定的确定。运行中按此键则监视器出现以下显示：

• 运行状态显示。变频器动作中亮灯/闪烁。亮灯表示正转运行中。缓慢闪烁（1.4 秒循环）表示反转运行中。快速闪烁（0.2 秒循环）表示按 RUN 键或输入起动指令都无法运行，或有起动指令而频率指令在起动频率以下，或者输入了 MRS 信号。

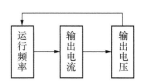

• 参数设定模式显示。参数设定模式时亮灯。

• 监视器显示。监视模式时亮灯。

• 停止运行。停止运转指令。保护功能（严重故障）生效时，也可以进行报警复位。

• 运行模式切换。用于切换 PU/外部运行模式。使用外部运行模式（通过另接的频率设定旋钮和起动信号起动的运行）时按此键，使表示运行模式的 EXT 处于亮灯状态。

• 起动指令。通过 Pr.40 参数的设定，可以选择旋转方向是正转还是反转。

训练步骤④：如图 1.40 所示，简单设置 D700 变频器参数（即修改 Pr.79＝1）。

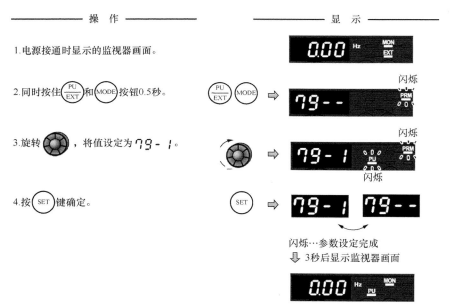

图 1.40　简单设置 D700 变频器参数

训练步骤⑤：如图 1.41 所示，通过 RUN 键进行面板起动，同时用 M 旋钮改变频率，此时观察电动机是否正常运转，是否随着频率的改变而发生速度改变。需要注意的是，在用 M 旋钮更改频率后，必须用 SET 键进行确认。如需停止时，请按STOP/RESET 键。

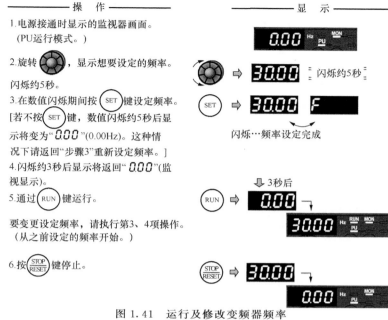

图 1.41 运行及修改变频器频率

1.5.3 实战任务 2：三菱 D700 变频器的各类参数操作

【训练要求】

通过对三菱 D700 变频器面板的操作，实现对 D700 的操作锁定、监视输出电压/电流、参数更改、初始化参数功能。

【训练步骤】

训练步骤①：理解变频器参数的含义。

对于变频器而言，要使其正常运行，就必须对它进行一定的参数设置，并符合工艺要求。如表 1.3 所示是三菱 D700 变频器的参数说明，也可以简单地用"Pr.0＝6％"来进行表示。

表 1.3 三菱 D700 变频器的参数说明

参数编号	名称	单位	设定值
Pr.0	转矩提升	％	6

训练步骤②：操作锁定。

为防止参数变更或变频器意外起动和停止，通过设置"操作锁定"可以使操作面板的 M 旋钮、键盘操作等无效。操作锁定的实现途径为：Pr.161 设置为"10 或 11"，然后按住 MODE 键 2 秒左右，此时 M 旋钮与键盘操作均无效。当 M 旋钮与键盘操作无效化后，操作面板会显示 HOLd 字样，在此状态下操作 M 旋钮或键盘时也会显示 HOLd。如果想使 M 旋钮与键盘操作有效，请按住 MODE 键 2 秒左右。当然，操作锁定状态下依然有效的功能是 STOP/RESET 键引发的停止与复位（图 1.42）。

在变频器初始化后或者刚上电时，变频器只选择简单模式的参数，这时候必须要设

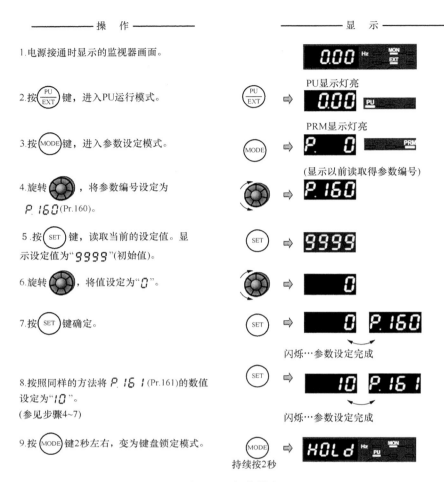

图 1.42　操作锁定

置扩展参数 Pr.160。Pr.160＝"9999"（初始值）时，只有简单模式参数可以在操作面板或参数单元（FR-PU04-CH/FR-PU07）上显示。Pr.160＝"0"状态下，可以显示简单模式参数和扩展参数（表 1.4）。

表 1.4　Pr.160 参数

参数编号	名称	初始值	设定范围	内容
Pr.160	扩展功能显示选择	9999	9999	只显示简单模式的参数
			0	可以显示简单模式和扩展参数

训练步骤③：监视输出电流/电压。

在监视模式中按 SET 键可以切换输出频率、输出电流、输出电压的监视器显示，如图 1.43 所示。

图 1.43　监视输出电流/电压

训练步骤④：更改参数的设定值。

要使变频器按照工艺要求进行控制，必须进行参数设置，这里以参数 Pr.1 为例说明。图 1.44 所示为参数 Pr.1 从 120 Hz 更改为 50 Hz 的过程。

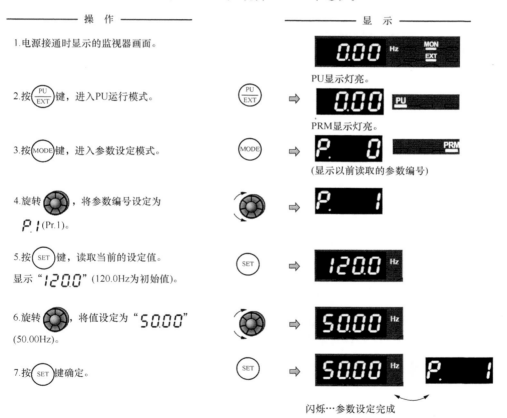

图 1.44　Pr.1 参数变更

训练步骤⑤：初始化参数。

通过设定 Pr.CL 参数清除，ALLC 参数全部清除＝"1"，使参数将恢复为初始值，如图 1.45 所示。如果设定 Pr.77 参数写入选择＝"1"，则无法清除。

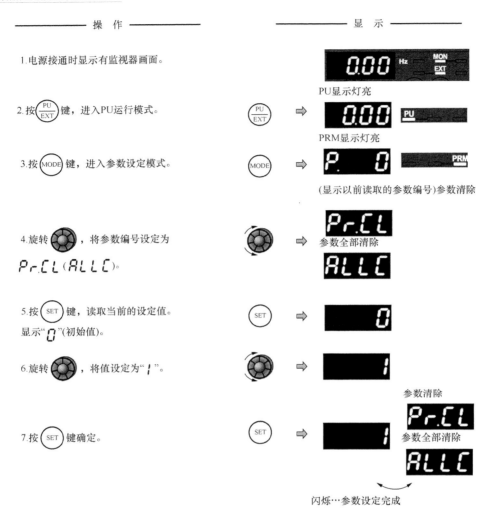

图 1.45　参数初始化

　　参数初始化是非常重要的一个训练步骤，它能将所有的参数都恢复到出厂设定值。在调试变频器的参数过程中，经常会出现控制失常的现象，这时候最好的办法就是"参数初始化"，以确认到底是变频器本身原因，还是参数设置原因。

　　在变频器 D700 的参数设置过程中，经常会出现一些错误信息，比如 **Er1 ~ Er4**。错误信息的出现仅仅表示操作上的故障，并不对变频器的输出造成影响，这几个错误信息分别表示如下：

　　Er1 表示禁止写入错误；Er2 表示运行中写入错误；Er3 表示校正错误；Er4 表示模式指定出错。

　　这些故障的出现，必须要进行 Pr.77 参数确认不等于 2，且操作模式不是外部 EXT，而是在 PU 状态下。

　　参数锁定功能对防止参数值被意外改写具有保护作用，因此，可以在调试结束后对 Pr.77 进行相应设置，具体为：Pr.77＝0 表示仅限于停止时可以写入参数；Pr.77＝1 表示不可写入参数；Pr.77＝2 表示可以在所有运行模式中不受运行状态限制而写入参数。

1.5.4 实战任务 3：三菱 D700 变频器 U/f 曲线设定及测定

【训练要求】

对三菱 D700 变频器进行基本 U/f 曲线的选择与测定。

【训练步骤】

训练步骤①：恢复出厂设定值，查阅 D700 变频器的功能参数码表，按下列要求完成功能参数码的设定：频率指令由键盘旋钮设定；上限频率设为 65Hz，下限频率设为 0Hz；显示频率；显示输出电压。

其中，设置上限和下限的频率指令的参数如表 1.5 所示。

表 1.5　上限与下限频率参数含义

参数编号	名称	初始值	设定范围	内容
Pr.1	上限频率	120Hz	0～120Hz	设定输出频率的上限
Pr.2	下限频率	0Hz	0～120Hz	设定输出频率的下限

如图 1.46 所示为上限频率从初始值为 120Hz 修改为 50Hz 的示意图，本任务中上限为 65Hz，可以依此修改。

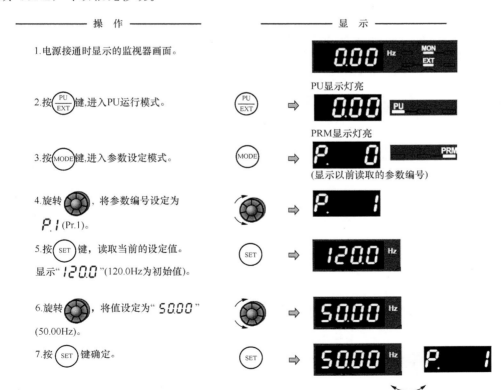

图 1.46　修改上限频率为 50Hz

训练步骤②：万用表实测电压，并读出此时的 PU 显示电压。

选择一种指针式万用表或者带滤波型的智能数字万用表，按照如图 1.47 所示的方式测量变频器输出电压。

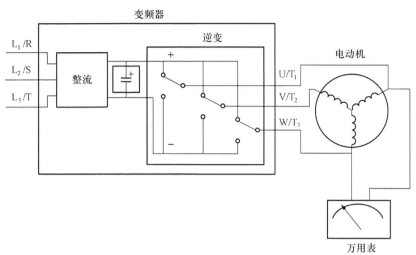

图 1.47　用万用表测量变频器输出电压

给出运行指令，调节键盘旋钮，逐渐升高运行频率，测出在不同的输出频率 f 值下的万用表实测电压与 PU 显示电压，填入以下基本 U/f 曲线测定表一（表 1.6）。

表 1.6　基本 U/f 曲线测定表一

U/V　Pr. 0　　f/Hz	0.1	2.5	5	10	15	20	25	30	35	40	45	50	55
万用表实测/V													
PU 显示/V													

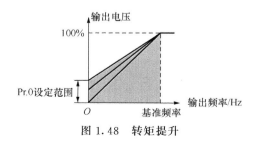

图 1.48　转矩提升

训练步骤③：不同转矩提升值时的输出电压值。

给出运行指令，调节键盘旋钮，逐渐升高运行频率，测出 Pr.0（转矩提升）设定值不同时的输出电压 U 与对应的输出频率 f 的值，填入以下基本 U/f 曲线测定表二（表 1.7）。如图 1.48 所示为 Pr.0 转矩提升变化的示意图，如图 1.49 所示为修改参数变化情况。

训练步骤④：对以上的数据进行分析和制图，并提出自己的问题。

表 1.7 基本 U/f 曲线测定表二

Pr.0 \ U/V \ f/Hz	0.1	2.5	5	10	15	20	25	30	35	40	45	50	55
0													
1													
4													
6													

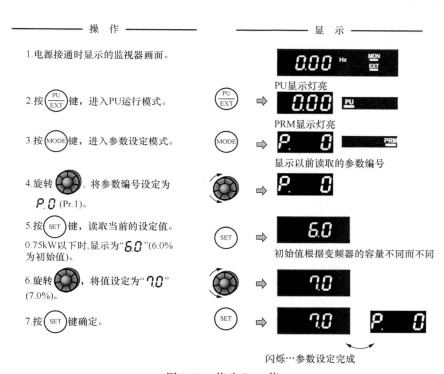

—— 操 作 ——

1.电源接通时显示的监视器画面。

2.按 $\left(\frac{PU}{EXT}\right)$ 键，进入 PU 运行模式。

3.按 (MODE) 键，进入参数设定模式。

4.旋转 🔘，将参数编号设定为 $P.0$ (Pr.1)。

5.按 (SET) 键，读取当前的设定值。0.75kW 以下时,显示为"6.0"(6.0% 为初始值)。

6.旋转 🔘，将值设定为"7.0"(7.0%)。

7.按 (SET) 键确定。

—— 显 示 ——

PU显示灯亮

PRM显示灯亮

显示以前读取的参数编号

初始值根据变频器的容量不同而不同

闪烁…参数设定完成

图 1.49 修改 Pr.0 值

1.6 技能训练 2：西门子 MM4 系列变频器的基本操作

1.6.1 键盘操作器 AOP/BOP

MM4 系列变频器在标准供货方式时装有状态显示板 SDP［图 1.50 (a)］,对于很多用户来说，利用 SDP 和制造厂的缺省设置值就可以使变频器成功投入运行。如果制造厂的缺省设置值不适合用户设备情况,可以利用基本键盘操作器 BOP［图 1.50 (b)］或高级键盘操作器 AOP［图 1.50 (c)］修改参数使之匹配。当然,用户也可以用 PC IBN 工具 DriveMonitor 或 STARTER 来调整工厂的设置值。

BOP 具有五位数字的七段显示,用于显示参数的序号和数值、报警和故障信息以及

(a) SDP　　　　　　(b) BOP　　　　　　(c) AOP

图 1.50　键盘操作器类型

该参数的设定值和实际值。

在缺省设置时，用 BOP 控制电动机的功能是被禁止的，如果要用 BOP 进行控制，参数 P0700 应设置为 1，参数 P1000 也应设置为 1。变频器加上电源时也可以把 BOP 装到变频器上或从变频器上将 BOP 拆卸下来。如果 BOP 已经设置为 I/O 控制 P0700＝1，在拆卸 BOP 时变频器驱动装置将自动停车。

1.6.2　基本键盘操作器 BOP 上的显示、按钮及其含义

图 1.51 所示为 BOP 的外观。

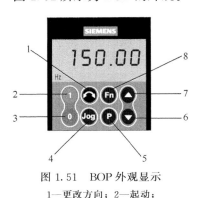

图 1.51　BOP 外观显示

1—更改方向；2—起动；

3—停止；4—点动；5—编程（设置参数）

6—向下或减；7—向上或加；8—功能按钮

BOP 的一些主要显示与按钮含义如下：

1）LCD 显示 r0000，其作用是状态显示，显示变频器当前的设定值。

2）起动电动机按钮，按此键起动变频器。缺省值运行时此键是被封锁的，为了使此键操作，有效应设定 P0700＝1。

3）停止电动机按钮，在 OFF1 模式时，按此键变频器将按选定的斜坡下降速率减速停车，缺省值运行时此键被封锁，为了允许此键操作，应设定 P0700＝1；在 OFF2 模式时，按此键两次或一次，但时间较长电动机将在惯性作用下自由停车。此功能总是使能的。

4）改变电动机的转动方向按钮，按此键可以改变电动机的转动方向。电动机的反向用负号（—）表示或用闪烁的小数点表示，缺省值运行时此键是被封锁的。为了使此键操作，有效应设定 P0700＝1。

5）电动机点动按钮，在变频器无输出的情况下，按此键将使电动机起动并按预设定的点动。频率运行释放此键时变频器停车，如果变频器/电动机正在运行，按此键将不起作用。

6）功能按钮 **Fn**，此键用于浏览辅助信息。变频器运行过程中，在显示任何一个参数时，按下此键并保持不动 2 秒钟将显示以下参数值：①直流回路电压，用 d 表示，单位为 V；②输出电流，单位为 A；③输出频率，单位为 Hz；④输出电压，用 o 表示，单位为 V；⑤由 P0005 选定的数值，如果 P0005 选择显示上述参数中的任何一个，连续多次按下此键将轮流显示以上参数。

7）访问参数按钮 **P**，按此键即可访问参数。

8）增加或减少数值按钮 **▲** 或 **▼**，按此键即可增加或减少面板上显示的参数数值。

1.6.3　用 BOP 更改一个参数的案例

这里介绍了更改参数 P0004 数值的步骤，并以 P0719 为例说明如何修改参数的数值。按照这个图表中说明的类似方法可以用 BOP 更改任何一个参数。

（1）P0004 参数的格式与含义

图 1.52 所示为参数 P0004 的格式，其值从 0～22 分别代表不同的含义（表 1.8），按功能的要求筛选过滤出与该功能有关的参数，这样可以更方便地进行调试。

P0004	参数过滤器				最小值：0	访问级：
	CStat:　CUT	数据类型：U16	单位：-	缺省值：0	1
	参数组：　常用	使能有效：确认	快速调试：否 ·	最大值：22	

图 1.52　P0004 的格式

表 1.8　**P0004 的具体含义**

P0004＝参数值	含义	P0004＝参数值	含义
0	全部参数	10	设定值通道/RFG 斜坡函数发生器
2	变频器参数	12	驱动装置的特征
3	电动机参数	13	电动机的控制
4	速度传感器	20	通信
5	工艺应用对象/装置	21	报警/警告/监控
7	命令，二进制 I/O	22	工艺参量控制器，例如 PID
8	ADC 模/数转换和 DAC 数/模转换		

MM4 系列变频器参数的格式说明如下。

1）参数号 P0004：是指该参数的编号参数号，用 0000～9999 的 4 位数字表示。在参数号的前面冠以一个小写字母 "r" 时表示该参数是只读的参数，它显示的是特定的参数数值，而且不能用与该参数不同的值来更改它的数值；其他所有参数号的前面都冠以一个大写字母 "P"。这些参数的设定值可以直接在标题栏的最小值和最大值范围内进行修改。

2）参数的调试状态 CStat：它可能有三种状态，即调试 C、运行 U 和准备运行 T。这是表示该参数在什么时候允许进行修改，对于一个参数可以指定一种、两种或全部 3

种状态。如果 3 种状态都指定了就表示这一参数的设定值，在变频器的上述 3 种状态下都可以进行修改。

3）数据类型：有效的数据类型如表 1.9 所示。

表 1.9　有效的数据类型

符号	说明	符号	说明
U16	16 位无符号数	132	32 位整数
U32	32 位无符号数	Float	浮点数
116	16 位整数		

4）使能有效：表示该参数是否立即有效或者确认有效。如"立即"，表示可以对该参数的数值在输入新的参数后立即进行修改；如"确认"，则表示面板 BOP 或 AOP 上的 P 键被按下以后才能使新输入的数值有效地修改。

5）最小值、最大值和缺省值：是指该参数可能设置的最小数值、最大数值和出厂设定值。

6）访问级：是指允许用户访问参数的等级变频器。它共有 4 个访问等级，标准级、扩展级、专家级和维修级。每个功能组中包含的参数号取决于参数 P0003 用户访问等级设定的访问等级（图 1.53 和表 1.10）。

7）参数组：是指具有特定功能的一组参数。参数 P0004 参数过滤器的作用是根据所选定的一组功能对参数进行过滤或筛选，并集中对过滤出的一组参数进行访问。

P0003	用户访问级			最小值：0	访问级：
	CStat:　CUT	数据类型：U16	单位：-	缺省值：1	**1**
	参数组：　常用	使能有效：确认	快速调试：否 -	最大值：4	

图 1.53　参数 P0003 的格式

表 1.10　P0003 的具体含义

P0003＝参数值	含义
0	用户定义的参数表，有关使用方法的详细情况请看 P0013 的说明
1	标准级，可以访问最经常使用的一些参数
2	扩展级，允许扩展访问参数的范围，例如变频器的 I/O 功能
3	专家级，只供专家使用
4	维修级，只供授权的维修人员使用，具有密码保护

（2）P0719 参数的格式

如图 1.54 所示为 P0719 参数的格式，它可以设定从 0～65 之间的无符号 16 位整数值（即 U16），其参数组为"命令"，最小值为 0，最大值为 66，访问级为 3。与 P0004 不同的是，P0719 还有一个下标［3］，表示该参数是一个带下标的参数，并且指定了下

P0719[3]	命令和频率设定值的选择			最小值：0	访问级：
	CStat:　CT	数据类型：U16	单位：-	缺省值：0	**3**
	参数组：　命令	使能有效：确认	快速调试：否	最大值：66	

图 1.54　P0719 的参数格式

标的有效序号。

（3）修改步骤

步骤一：改变参数过滤功能，P0004 参数为"7"，修改步骤如图 1.55 所示。

操作步骤		显示的结果
1. 按 P 键访问参数	⇒	r 0000
2. 按 ▲ 键直到显示出 P0004	⇒	P0004
3. 按 P 键进入参数数值访问级	⇒	0
4. 按 ▲ 键或 ▼ 键达到所需要的数值	⇒	7
5. 按 P 键确认并存储参数的数值	⇒	P0004
6. 使用者只能看到电动机的参数		

图 1.55　设置 P0004 参数为"7"

步骤二：改变 P0719 参数为"5"，修改步骤如图 1.56 所示。

操作步骤		显示的结果
1. 按 P 键访问参数	⇒	r 0000
2. 按 ▲ 键直到显示出 P0719	⇒	P0719
3. 按 P 键进入参数数值访问级	⇒	in000
4. 按 P 键显示当前的设定值	⇒	0
5. 按 ▲ 键或 ▼ 键选择运行所需要的数值	⇒	12
6. 按 P 键确认和存储这一数值	⇒	P0719
7. 按 ▼ 键直到显示出 r0000	⇒	r 0000
8. 按 P 键返回标准的变频器显示（由用户定义）		

图 1.56　设置 P0719 参数为"5"

1.6.4 用 AOP 和 BOP 调试变频器

图 1.57　AOP 高级键盘操作器

如图 1.57 所示的高级键盘操作器 AOP 是可选件，它具有以下特点：清晰的多种语言文本显示；多组参数组的上装和下载功能；可以通过 PC 编程；具有连接多个站点的能力，最多可以连接 30 台变频器。

在用 AOP 高级键盘操作器来替代 BOP 或 SDP 的过程中，一定要注意按照如图 1.58 所示的 4 个步骤进行更换。

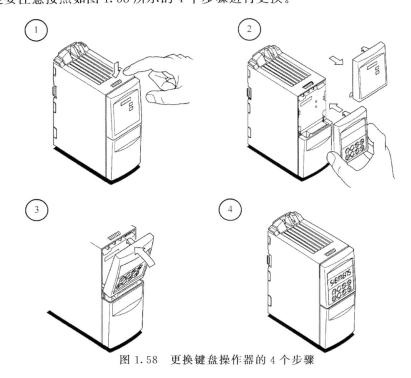

图 1.58　更换键盘操作器的 4 个步骤

为了快速修改参数的数值，在确认已处于某一参数数值的访问级可以参看并能用 BOP 修改参数的情况下，可以一个个地单独修改显示出的每个数字，其操作步骤如下：

1）按 Fn 键最右边的一个数字闪烁。

2）按 ▲ 键或 ▼ 键修改这位数字的数值。

3）再按 Fn 键相邻的下一位数字闪烁。

4）执行 2）～3）步骤直到显示出所要求的数值。

5）按 P 键退出参数数值的访问级。

1.6.5 MM420 变频器的外部接线

图 1.59 所示为 MM420 变频器的外部接线。

图 1.59　MM420 系列变频器外观

与 MM440、MM430 变频器的外部接线相比，MM420 变频器少了一些端子，其外部接线如图 1.60 所示。

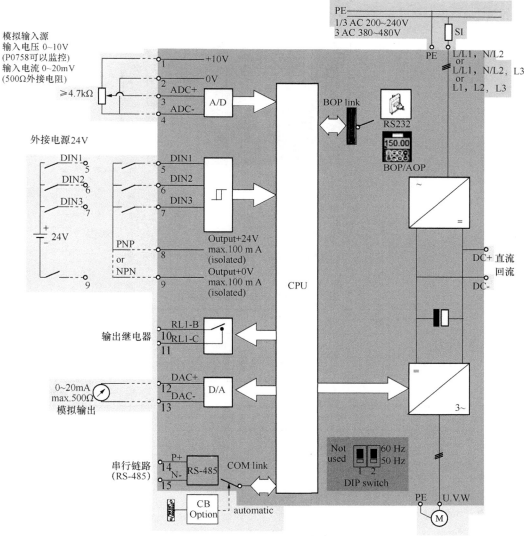

图 1.60　MM420 变频器的外部接线

1.6.6　MM420 变频器的缺省设置

图 1.61 所示为 MM420 变频器参数缺省设置所对应的外部接线示意。表 1.11 所示为 MM420 的参数缺省设置。

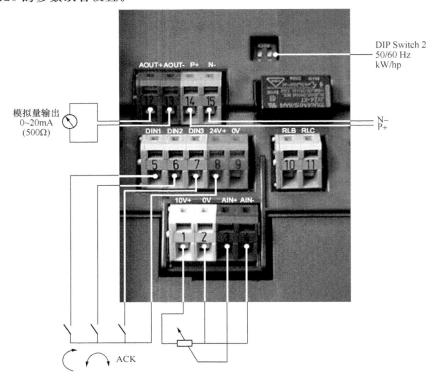

图 1.61　MM420 的缺省设置时的外部接线示意

表 1.11　MM420 的参数缺省设置

功能	端子	参数	缺省操作
数字输入 1	5	P0701＝'1'	ON，正向运行
数字输入 2	6	P0702＝'12'	反向运行
数字输入 3	7	P0703＝'9'	故障复位
输出继电器	10/11	P0731＝'52.3'	故障识别
模拟输出	12/13	P0771＝21	输出频率
模拟输入	3/4	P0700＝0	频率设定值

1.6.7　MM420 变频器的上电运行

对于 MM420 变频器应用来说，首先要上电进行面板操作，即在变频器上电后直接采用操作面板 BOP 进行操作。以下就是用 ⬆ 键和 ⬇ 键来设定频率运行的方法(图 1.62)。

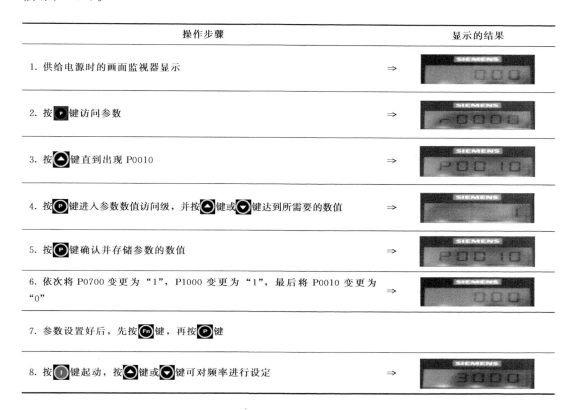

操作步骤		显示的结果
1. 供给电源时的画面监视器显示	⇒	
2. 按 P 键访问参数	⇒	
3. 按 ⬆ 键直到出现 P0010	⇒	
4. 按 P 键进入参数数值访问级，并按 ⬆ 键或 ⬇ 键达到所需要的数值	⇒	
5. 按 P 键确认并存储参数的数值	⇒	
6. 依次将 P0700 变更为 "1"，P1000 变更为 "1"，最后将 P0010 变更为 "0"	⇒	
7. 参数设置好后，先按 Fn 键，再按 P 键		
8. 按 I 键起动，按 ⬆ 键或 ⬇ 键可对频率进行设定	⇒	

图 1.62　频率运行设置

本　章　小　结

本章从交流电动机的调速种类出发，阐述了不同类型的电动机调速，为以后变频器的节能应用进行了铺垫。变频器的调速原理主要介绍了最基本的 3 种类型：U/f 控制、矢量控制和 DTC。另外也介绍了变频器的构造，包括主回路和控制回路；介绍了变频器的分类及发展趋势。

通过对本章的学习，需要掌握以下知识目标和能力目标。

知识目标：

1. 掌握交流电动机的调速方式种类及它们之间的区别；

2. 掌握变频调速的优点和难点；

3. 掌握恒压频比控制方式下的电动机模型、变频调速原理及机械特性；

4. 掌握矢量控制和 DTC 控制的基本算法；

5. 掌握典型变频器的主回路结构和控制回路结构；

6. 掌握变频器的基本分类、特点及发展趋势。

能力目标:

1. 能够区分不同调速方式之间的差异;

2. 能够判断变频器的主回路结构和控制回路结构;

3. 能够区分变频器的不同控制方式。

■■■■■■■■■■■■■■■■ 思考与练习题 ■■■■■■■■■■■■■■■■■■

1.1 请举例交流电动机的调速方式种类及它们之间的区别。

1.2 请阐述变频调速的优点和控制难点。

1.3 请画出恒压频比控制方式下的电动机模型。

1.4 阐述矢量控制和 DTC 控制的基本算法。

1.5 变频器的主回路有哪几种类型?

1.6 变频器的分类有哪些?

1.7 请举出你身边使用变频器的情况,并尝试抄下它的铭牌数据,判断它是哪种类型的变频器?

1.8 你见过哪些品牌的变频器?它们的命名规则分别是什么?

1.9 判断题。

(1) 基频以下变频调速属于 ( ) 调速。

    A. 恒功率   B. 恒转矩   C. 变压   D. 变转矩

(2) PWM 控制方式的含义是 ( )。

    A. 脉冲幅值调制方式   B. 按电压大小调制方式

    C. 脉冲宽度调制方式   D. 按电流大小调制方式

(3) 对异步电动机进行调速控制时,希望电动机的主磁通 ( )。

    A. 弱一些   B. 强一些

    C. 保持额定值不变   D. 可强可弱,不影响

(4) 变频器驱动恒转矩负载时,对于 U/f 控制方式的变频器而言,应有低速下的 ( ) 提升功能。

    A. 电流   B. 功率   C. 转速   D. 转矩

(5) 正弦波脉冲宽度调制英文缩写是 ( )。

    A. PWM   B. PAM   C. SPWM   D. SPAM

第2章

变频器的使用功能

【内容提要】

根据不同的变频控制理论，变频器的模式主要有 $U/f=C$ 的正弦脉宽调制模式、矢量控制（VC）模式和直接转矩控制（DTC）模式3种。本章主要阐述了 U/f 控制方式（包括开环 U/f 控制和闭环 U/f 控制）。

变频器的控制方式确定之后，必须进行频率给定方式、运转指令方式和起动制动方式的确定。频率给定方式涵盖了操作器键盘给定、接点信号给定、模拟信号给定、脉冲信号给定和通信方式给定等。这些频率给定方式各有特点，并可以叠加和切换。变频器的运转指令方式则是指如何控制变频器的基本运行功能，这些功能包括起动、停止、正转与反转、正向点动与反向点动、复位等。技能训练部分则介绍了三菱 D700 变频器端子的简单接线和运行模式的选择操作。

2.1 变频器的 U/f 控制方式

2.1.1 U/f 控制方式

大家知道，变频器 U/f 控制的基本思想是 $U/f=C$，因此定义在频率为 f_x 时，U_x 的表达式为 $U_x/f_x=C$，其中 C 为常数，就是"压频比系数"。图 2.1 所示就是变频器的基本运行 U/f 曲线。

由图 2.1 可以看出，当电动机的运行频率高于一定值时，变频器的输出电压不再能随频率的上升而上升，人们就将该特定值称为基本运行频率，用 f_b 表示。也就是说，基本运行频率是指变频器输出最高电压时对应的最小频率。在通常情况下，基本运行频率是电动机的额定频率，如电动机铭牌上标识的 50Hz 或 60Hz。同时与基本运行频率对应的变频器输出电压称为最大输出电压，用 U_{max} 表示。

当电动机的运行频率超过基本运行

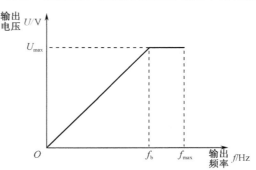

图 2.1 基本运行 U/f 曲线

频率 f_b 后，U/f 不再是一个常数，而是随着输出频率的上升而减少，电动机磁通也因此减少，变成"弱磁调速"状态。基本运行频率是决定变频器的逆变波形占空比的一个设置参数，当设定该值后，变频器 CPU 将基本运行频率值和运行频率进行运算后，调整变频器输出波形的占空比来达到调整输出电压的目的。因此，在一般情况下，不要随意改变基本运行频率的参数设置，如确有必要，一定要根据电动机的参数特性来适当设值，否则容易造成变频器过热、过流等现象。

2.1.2 预定义 U/f 曲线和用户自定义 U/f 曲线

由于电动机负载的多样性和不确定性，因此很多变频器厂商都推出了预定义的 U/f 曲线和用户自定义的任意 U/f 曲线。预定义 U/f 曲线是指变频器内部已经为用户定义的各种不同类型的曲线。如某变频器有 4 种特定曲线［图 2.2（a）］曲线 0 为线性转矩特性、曲线 1 为 2.0 次幂降转矩特性、曲线 2 为 1.7 次幂降转矩特性、曲线 3 为 1.2 次幂降转矩特性。另一种变频器有 4 种定义的曲线［图 2.2（b）］，其定义的方式是在电动机额定频率一半（即 $50\%f_N$）时的输出电压是电动机额定电压的 30% 时（即 $30\%U_N$）为曲线 1，$35\%U_N$ 为曲线 2，$40\%U_N$ 为曲线 3，U_N 为曲线 4。这些预定义的 U/f 曲线非常适合在可变转矩（如典型的风机和泵类负载）中使用，用户可以根据负载特性进行调整，以达到最优的节能效果。

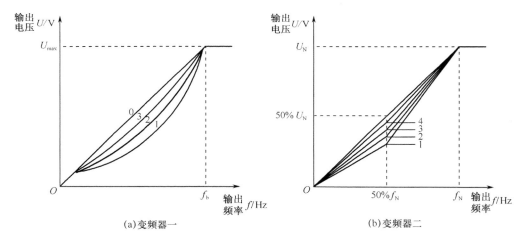

图 2.2　预定义 U/f 曲线

对于其他特殊的负载，如同步电动机，则可以通过设置用户自定义 U/f 曲线的几个参数来得到任意 U/f 曲线，从而可以适应这些负载的特殊要求和特定功能。自定义 U/f 曲线一般通过折线设定，典型的有三段折线和两段折线。

以三段折线设定为例（图 2.3），f 通常为变频器的基本运行频率，在某些变频器中定义为电动机的额定频率；U 通常为变频器的最大输出电压，在某些变频器中定义为电动机的额定电压。如果最大输出电压等于额定电压或者基本运行频率等于额定频率，则两者是一样的，如果两者之间数值不相等，就必须根据变频器的用户手册来确定具体的数据。图 2.3 中给出了 3 个中间坐标数值，即 $(f_1，U_1)$、$(f_2，U_2)$、$(f_3，U_3)$，用户只需填入相应的电压值或电压百分比以及频率值或频率百分比即可。如果将其中的两点重合就可以看成是二段折线设定。

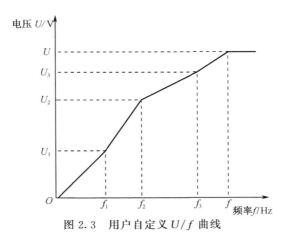

图 2.3　用户自定义 U/f 曲线

虽然用户自定义 U/f 曲线是可以任意设定的，但是一旦数值设定不当，就会造成意外故障。比如说低频时转矩提升电压过高，造成电动机起动时低频抖动。所以，U/f 曲线特性必须以满足电动机的运行为前提条件。

2.1.3　U/f 曲线转矩补偿

变频器在起动或极低速运行时，根据 U/f 曲线，电动机在低频时对应输出的电压较低，转矩受定子电阻压降的影响比较显著，这就导致励磁不足而使电动机不能获得足够的旋转力，因此需要对转矩进行补偿，这称为转矩补偿。通常的做法是对输出电压做一些提升补偿，以补偿定子电阻上电压降引起的输出转矩损失，从而改善电动机的输出转矩。

U/f 曲线的设置

图 2.4 中，U_0 表示手动转矩提升电压，U_{max} 表示最大输出电压；f_0 表示转矩提升的截止频率，f_b 表示基本运行频率。

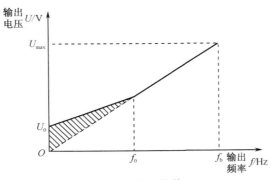

图 2.4　转矩补偿

对于 U_0 的设置原则一般有以下几点：①当电动机与变频器之间的距离太远时，由于线路压降增大，应适当增大 U_0 值；②当电动机容量小于变频器额定容量时，由于此类容量电动机的绕组电阻比大容量电动机大，电阻压降也大，应适当增大 U_0 值；③当电动机抖动厉害时，说明转矩过大，转矩补偿增益调得过高，应适当减小 U_0 值。这里必须避免这样一个误区：即使提高很多输出电压，电动机转矩并不能和其电流相对应地提高。这是因为电动机电流包含电动机产生的转矩分量和其他分量（如励磁分量）。

关于截止频率 f_0，在有些变频器中是固定的频率值，如 $f_0=25\text{Hz}$；有些变频器是可以设置的，如 f_0 为 0～50％基本运行频率。

转矩补偿可以根据变频器的参数设置选择手动和自动，如手动设置则允许用户 U_0 在 0～20％或 30％$U_{\max}$ 之间任意设定，如自动设置则是变频器根据电动机起动过程中的力矩情况进行自动补偿，其参数是随着负载变化而更改的。

对于特殊工艺负载，比如搅拌机针对不同的物料其起动转矩有差异，为保证变频器正常起动，可以设置为手动选择性转矩补偿。图 2.5 所示为三菱 700 系列变频器的转矩提升功能示意（曲线 a、b、c），参数值 Pr.0 为第一转矩提升值、Pr.46 和 Pr.112 分别为第二、三转矩提升值，这时只要对多功能端子设置相应功能即可。

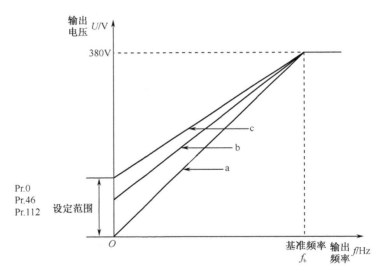

图 2.5　选择性转矩提升

2.1.4　闭环 U/f 控制

闭环 U/f 控制就是在 U/f 控制方式下，设置转速反馈环节。测速装置可以是旋转编码器，也可以是光电开关，安装方式比较自由，既可以安装在电动机轴上，也可以安装在其他相关联的位置。通常所说的不带转速反馈的 U/f 控制，也称之为开环 U/f 控制。

图 2.6 所示为旋转编码器 PG 与变频器 VF 组成的闭环 U/f 控制。图 2.6 中，PS＋/PS－为编码器的工作电源，A＋信号为 A 相信号或 B 相信号，本控制方式采用一相反馈。

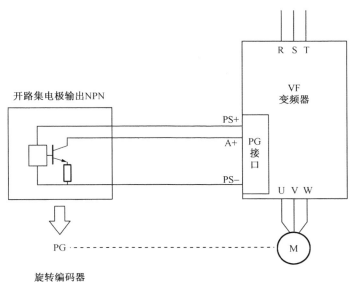

图 2.6　闭环 U/f 控制接线

2.2　变频器的频率给定方式

在使用一台变频器的时候，目的是通过改变变频器的输出频率，即改变变频器驱动电动机的供电频率从而改变电动机的转速。如何调节变频器的输出频率呢？关键是必须首先向变频器提供改变频率的信号，这个信号就称为频率给定信号。所谓频率给定方式，就是调节变频器输出频率的具体方法，也就是提供给定信号的方式。

变频器常见的频率给定方式主要有操作器键盘给定、接点信号给定、模拟信号给定、脉冲信号给定和通信方式给定等。这些频率给定方式各有优、缺点，必须按照实际的需要进行选择设置，同时也可以根据功能需要选择不同频率给定方式之间的叠加和切换。

2.2.1　操作器键盘给定

操作器键盘给定是变频器最简单的频率给定方式，用户可以通过变频器的操作器键盘上的电位器、数字键或上升/下降键来直接改变变频器的设定频率，如图 2.7 所示。

操作器键盘给定的最大优点就是简单、方便、醒目（可选配 LED 数码显示和中文 LCD 液晶显示），同时又兼具监视功能，即能够将变频器运行时的电流、电压、实际转速、母线电压等实时显示出来。如果选择键盘数字键或上升/下降键给定，则由于是数字量给定，精度和分辨率

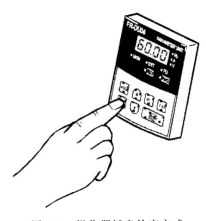

图 2.7　操作器键盘给定方式

非常高，其中精度可达最高频率×±0.01％、分辨率为 0.01Hz。如果选择操作器上的电位器给定，则属于模拟量给定，精度稍低。但由于无需像外置电位器的模拟量输入那样另外接线，因此实用性非常高。

变频器的操作器键盘通常可以取下或者另外选配，再通过延长线安置在用户操作和使用方便的地方。一般情况下，延长线可以在 5m 以下选用，对于距离较远则不能简单地加长延长线，而是必须要使用远程操作器键盘。

2.2.2　接点信号给定

接点信号给定就是通过变频器的多功能输入端子的 UP 和 DOWN 接点来改变变频器的设定频率值。该接点可以外接按钮或其他类似于按钮的开关信号，如 PLC 或 DCS 的继电器输出模块、常规中间继电器。具体接线可见图 2.8。

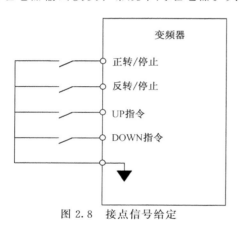

图 2.8　接点信号给定

给定接点信号时需注意以下几点。

1）多功能输入端子需分别设置为 UP 指令或 DOWN 指令中的其中一个，不能重复设置，也不能只设置一个，更不能将 UP/DOWN 指令和保持加、减速停止指令同时分配。

2）必须正确设置端子的 UP/DOWN 速率，速率单位为 Hz/s。有了正确的速率设置，即使 UP 上升接点一直吸合，变频器的频率上升也不会一下子窜到最高输出频率，而是按照其上升速率上升。

3）是否断电保持频率功能必须设置，如设置为"断电保持有效"时，当变频器电源切断后频率指令被记忆，接通电源运行指令再次输入时，变频器自动加速运行到被记忆的频率为止。如设置"断电保持无效"时，当变频器电源切断后频率指令不被记忆，接通电源运行指令再次输入时，变频器按参数数值不同运行到某一固定频率（0Hz 或其他，该参数依赖于变频器的型号）。

图 2.9 所示为接点频率给定方式下的变频器运行时序。

2.2.3　模拟量给定

1. 基本概念

模拟量给定方式即通过变频器的模拟量端子从外部输入模拟量信号（电流或电压）进行给定，并通过调节模拟量的大小来改变变频器的输出频率。模拟量给定中通常采用电流或电压信号，常见于电位器、仪表、PLC 和 DCS 等控制回路，如图 2.10 所示。

变频器模拟量给定

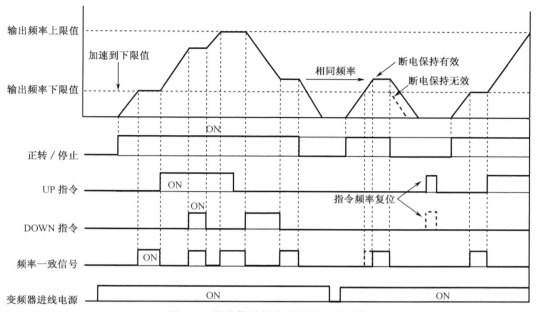

图 2.9　接点信号给定变频器运行时序

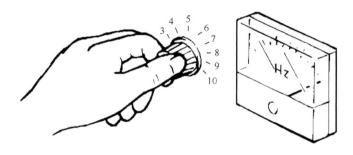

图 2.10　模拟量给定方式

电流信号一般指 0～20mA 或 4～20mA，电压信号一般指 0～10V、2～10V、0～±10V、0～5V、1～5V、0～±5V 等。电流信号在传输过程中，不受线路电压降、接触电阻及其压降、杂散的热电效应及感应噪声等影响，抗干扰能力较电压信号强。但由于电流信号电路比较复杂，故在距离不远的情况下，仍以选用电压给定为模拟量信号居多。

变频器通常都会有两个及两个以上的模拟量端子（或扩展模拟量端子），图 2.11 所示为三菱 A700 系列变频器的模拟量输入端子（端子 2、4、1 分别为电压输入、电流输入和辅助输入）。

有些模拟量端子可以同时输入电压信号和电流信号（但必须通过跳线或短路块进行区分），因此对变频器已经选择好模拟量给定方式后，还必须按照以下步骤进行参数设置：

1）选择模拟量给定的输入通道。

2）选择模拟量给定的电压或者电流方式及其调节范围，同时设置电压/电流跳线，注意必须在断电时进行操作。

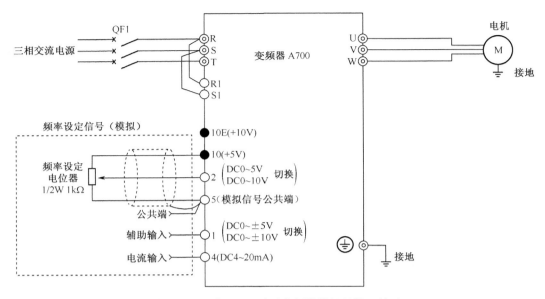

图 2.11　三菱 A700 系列变频器模拟量输入端子

3）选择模拟量端子多个通道之间的组合方式（叠加或者切换）。

4）选择模拟量端子通道的滤波参数、增益参数、线性调整参数。

2. 频率给定曲线

所谓频率给定曲线，就是指在模拟量给定方式下，变频器的给定信号 P 与对应的变频器输出频率 $f(x)$ 之间的关系曲线 $f(x)=f(P)$。这里的给定信号 P，既可以是电压信号也可以是电流信号，其取值范围在 $0\sim10V$ 或 $0\sim20mA$ 之内。

一般的电动机调速都是线性关系，因此频率给定曲线可以简单地通过定义首尾两点的坐标（模拟量，频率）即可确定该曲线。如图 2.12（a）所示，定义首坐标（P_{min}，f_{min}）和尾坐标（P_{max}，f_{max}），可以得到设定频率与模拟量给定值之间的正比关系。如果在某些变频器运行工况需要频率与模拟量给定成反比关系的话，也可以定义首坐标（P_{min}，f_{max}）和尾坐标（P_{max}，f_{min}），如图 2.12（b）所示。

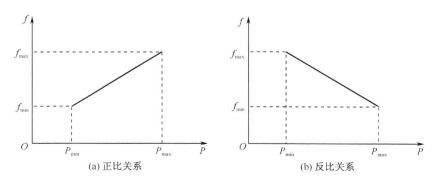

图 2.12　频率给定曲线

这里必须注意以下几点：

1）如果根据频率给定曲线计算出来的设定频率超出频率上下限范围，只能取频率上、下值，因此频率上、下限值优先考虑。

2）在一些变频器参数定义中，模拟量给定信号 P 或设定频率 f 是采用百分比赋值，其百分比的定义为模拟量给定百分比 $P\% = P/P_{max} \times 100\%$ 和设定频率百分比 $f\% = f/f_{max} \times 100\%$。

3）在一些变频器参数定义中，频率给定曲线不是直接描述出来，而是通过最大频率、偏置频率和频率增益表达。

3. 模拟量给定的滤波和增益参数

模拟量的滤波是为了保证变频器获得的电压信号或电流信号能真实地反映实际值，消除干扰信号对频率给定信号的影响。滤波的工作原理是数字信号处理，即数字滤波。滤波时间常数就是特指模拟量给定信号上升至稳定值的 63% 所需要的时间（单位为 s）。

滤波时间的长短必须根据不同的数学模型和工况进行设置。滤波时间太短，当变频器显示"给定频率"时有可能不够稳定而呈闪烁状；滤波时间太长，当调节给定信号时，给定频率跟随给定信号的响应速度会降低。一般而言，出于对抗干扰能力的考虑，需要增加滤波时间常数；出于对响应速度快的考虑，需要降低滤波时间常数。

模拟量通道的增益参数与上面的频率增益不一样，后者主要是为定义频率给定曲线的坐标值，前者则是在频率给定曲线既定的前提下，降低或者提高模拟量通道的电压值或者电流值。

4. 模拟量给定的正、反转控制

一般情况下，变频器的正、反转功能都可以通过正转命令端子或反转命令端子来实现。在模拟量给定方式下，还可以通过模拟量的正、负值来控制电动机的正、反转，即正信号（0～+10V）时电动机正转、负信号（-10～0V）时电动机反转。如图 2.13 所

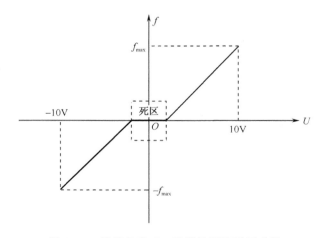

图 2.13　模拟量的正、反转控制和死区功能

示，10V 对应的频率值为 f_{max}，$-10V$ 对应的频率值为 $-f_{max}$。

在用模拟量控制正、反转时，零界点即 0V 时应该为 0Hz，但实际上真正的 0Hz 很难做到，且频率值很不稳定，在频率 0Hz 附近时，常常出现正转命令和反转命令共存的现象，并呈"反反复复"状态。为了克服这个问题，预防反复切换现象，就定义在零速附近为死区，如图 2.13 所示。

对于死区，不同类型的变频器定义都会有所不同。一般有以下两种。

1）线段型。如图 2.13 所示，如定义（$-1V$，$+1V$）为死区，则模拟量信号在（$-1V$，$+1V$）范围时按零输入处理，（$+1V$，$+10V$）对应（0Hz，最大频率），（$-1V$，$-10V$）对应（0Hz，负的最大频率）。

2）滞环回线型。在变频器的输出频率定义一个频率死区（$-f_{dead}$，$+f_{dead}$），这样一来配合着电压死区（$-U_{dead}$，$+U_{dead}$）就围成了滞环回线。

模拟量的正、反转控制功能还有一种就是在模拟量非双极性功能的情况下（也就是说电压不为负的单极性模拟量）也可以实现，即定义在给定信号中间的任意值作为正转和反转的零界点（相当于原点），高于原点以上的为正转，低于原点以下的为反转。同理，也可以相应设置死区功能，实现死区跳跃。但是，在这种情况下，却存在一个特殊的问题，即万一给定信号因电路接触问题或其他原因而丢失，则变频器的输入端得到的信号为 0V，其输出频率将跳变为反转的最大频率，电动机将从正常工作状态转入高速反转状态。十分明显，在生产过程中，这种情况的出现将是十分有害的，甚至有可能损坏生产机械。对此，变频器设置了一个有效的"零"功能。就是说，让变频器的实际最小给定信号不等于 0，而当给定信号等于 0 时，变频器的输出频率则自动降至 0 速。

2.2.4 脉冲给定

脉冲给定方式即通过变频器的特定高速开关端子从外部输入脉冲序列信号进行频率给定，并通过调节脉冲频率来改变变频器的输出频率。不同的变频器对于脉冲序列输入有不同的定义，以安川 VS G7 为例（图 2.14）：脉冲频率为 $0 \sim 32kHz$，低电平电压为

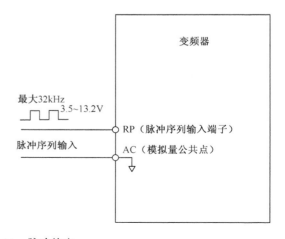

脉冲序列输入规格	
LOW电平电压	0.0~0.8V
HIGH电平电压	3.5~13.2V
占空比	30%~70%
脉冲频率	0~32kHz

图 2.14　脉冲给定

$0.0\sim0.8V$，高电平电压为 $3.5\sim13.2V$，占空比为 $30\%\sim70\%$。

脉冲给定首先要定义占空比为 100% 时的脉冲频率，然后就可以像模拟量给定一样定义脉冲频率给定曲线。该频率给定曲线也是线性的，通过首坐标和尾坐标两点的数值来确定。因此，其频率给定曲线可以是正比例线性关系，也可以是反比例线性关系。一般而言，脉冲给定值通常用百分比来表示。

这里举例说明一下脉冲给定的参数设置。现在有一个变频系统，其需求如下：①使用端子输入的脉冲信号来设置给定频率；②输入信号范围为 $1\sim20kHz$；③要求 $1kHz$ 输入信号对应设定频率为 $50Hz$，$20kHz$ 输入信号对应设定频率为 $5Hz$。

根据上述要求，参数设置要点如下：
①设置频率给定方式为脉冲给定；②选择多功能输入端子为脉冲信号输入；③设置脉冲最大输入频率为 $20kHz$；④定义频率给定曲线首坐标点的数值，即最小脉冲给定值的百分比为 $1kHz\div20kHz\times100\%=5\%$，以及最小脉冲数对应的频率值 $50Hz$；⑤定义频率给定曲线尾坐标点的数值，即最大脉冲给定值的百分比为 100%，以及最大脉冲数对应的频率值

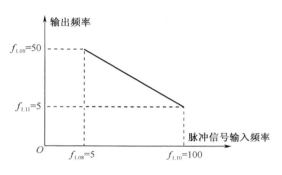

图 2.15 脉冲给定曲线

$5Hz$。具体如图 2.15 所示为艾默生 EV 系列变频器的脉冲给定设置。

2.2.5 通信给定

1. 基本概念

通信给定方式就是指上位机通过通信口按照特定的通信协议、特定的通信介质进行数据传输到变频器以改变变频器设定频率的方式。上位机一般指计算机（或工控机）、PLC、DCS、人机界面等主控制设备，如图 2.16 所示。

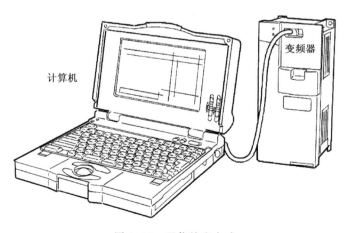

图 2.16 通信给定方式

上位机和变频器之间传输数据的方式主要有两种：①串行方式，它每次只传送二进制的一位，主要优点是连线少，一般只有 2 根或 3 根，缺点是传送速度较低；②并行方式，它每次可传送一个完整的字符，传送速度快，但所需的连线较多，一般需要 8 根或 16 根，成本相应就高了许多。由于上位机与变频器之间的距离一般不会太远，对传输速度的要求也不是很高，因此在通常情况下都采用串行传输方式。

2. 通信参数设置

只有设置正确的通信参数才能确保上位机和变频器之间的正常通信，也才能保证通信给定方式的准确性。通信参数一般包含以下几项内容。

1）波特率选择。一般的变频器通信波特率可以选择 300b/s、600b/s、1200b/s、2400b/s、4800b/s、9600b/s、19200b/s、38400b/s 等。

2）数据格式。常见的数据位包括一个起始位、8 个数据位、一个停止位，校验位则可以分别设置位奇校验、偶校验和无校验 3 种。

3）接线方式。包括直接电缆连接 RS232/RS485 和调制解调器 Modem（RS232），其中设置为调制解调器 Modem（RS232）时，每当变频器上电时，将通过变频器的通信口（RS232）对调制解调器 Modem 做一次初始化操作，以便调制解调器在接收到电话线路 3 次振铃后自动响应，实现由拨号线路组成的远程控制线路。

4）通信地址。用来标志变频器本体的地址，其中有一个为广播地址，可以接受和执行上位机的广播命令，而不会应答上位机。

5）通信超时检出时间。当通信口信号消失后，其持续时间超过通信超时设置后，变频器即判断为通信故障。

6）变频器应答延时。它指变频器通信口在接收并解释执行上位机发送过来的命令后，直到返回应答帧给上位机所需要的延迟时间。

2.3　变频器的运转指令方式

变频器的运转指令方式是指如何控制变频器的基本运行功能，这些功能包括起动、停止、正转与反转、正向点动与反向点动、复位等。与变频器的频率给定方式一样，变频器的运转指令方式也有操作器键盘控制、端子控制和通信控制 3 种。这些运转指令方式必须按照实际的需要进行选择设置，同时也可以根据功能进行相互之间的方式切换。

2.3.1　操作器键盘控制

操作器键盘控制是变频器最简单的运转指令方式，用户可以通过变频器的操作器键盘上的运行键、停止键、点动键和复位键来直接控制变频器的运转。在操作器键盘控制下，变频器的正转和反转可以通过正、反转键切换和选择。图 2.17 所示为三菱 A700 系列变频器的操作器键盘控制，显然与第 1 章 D700 三菱有点类似，但又有些不同。

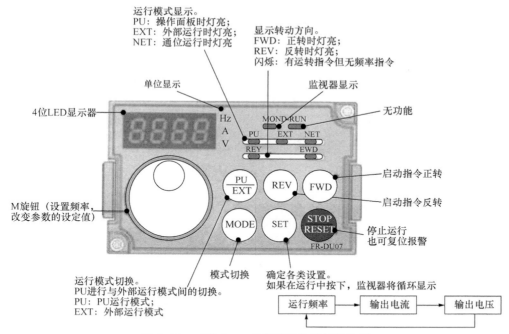

图 2.17　三菱 A700 变频器操作器键盘控制

如果键盘定义的正转方向与实际电动机的正转方向（或设备的前行方向）相反时，可以通过修改相关的参数来更正，如有些变频器参数定义是"正转有效"或"反转有效"，有些变频器参数定义则是"与命令方向相同"或"与命令方向相反"。对于某些生产设备是不允许反转的，如泵类负载，变频器则专门设置了禁止电动机反转的功能参数。

2.3.2　端子控制

1. 正转与反转

端子控制是变频器的运转指令通过其外接输入端子从外部输入开关信号（或电平信号）来进行控制的方式。这时这些由按钮、选择开关、继电器、PLC 或 DCS 的继电器模块就替代了操作器键盘上的运行键、停止键、点动键和复位键，可以在远距离控制变频器的运转。

在图 2.18 中，正转 FWD、反转 REV、点动 JOG、复位 RESET、使能 ENABLE 在实际变频器的端子中有 3 种具体表现形式。

1）上述几个功能都是由专用的端子组成，即每个端子固定为一种功能。在实际接线中，非常简单，不会造成误解，这在早期的变频器中较为普遍。

2）上述几个功能都是由通用的多功能端子组成，即每个端子都不固定，可以通过定义多功能端子的具体内容来实现。在实际接线中，非常灵活，可以大量节省端子空间，这是目前的小型变频器的发展方向，如三菱 D700 变频器。

3）上述几个功能除正转和反转功能由专用固定端子实现，其余如点动、复位、使

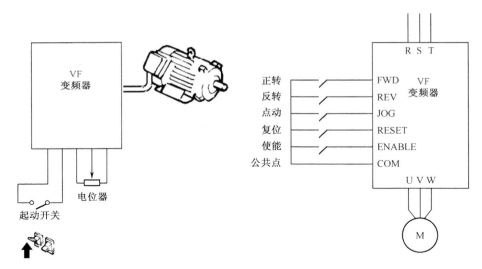

图 2.18　端子控制原理

能融合在多功能端子中来实现。在实际接线中，能充分考虑到灵活性和简单性于一体。现在大部分主流变频器都采用这种方式。

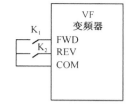

变频器可以接的数字量信号

由变频器拖动的电动机负载在实现正转和反转功能非常简单，只需改变控制回路（或激活正转和反转）即可，而无须改变主回路。

常见的正、反转控制有两种方法，如图 2.19 所示。FWD 代表正转端子，REV 代表反转端子，K_1、K_2 代表正、反转控制的接点信号（"0"表示断开、"1"表示吸合）。图 2.19（a）所示的方法中，接通 FWD 和 REV 的其中一个就能正、反转控制，即 FWD 接通后正转、REV 接通后反转，若两者都接通或都不接通，则表示停机。图 2.19（b）所示的方法中，接通 FWD 才能正、反转控制，即 REV 不接通表示正转、REV 接通表示反转，若 FWD 不接通，则表示停机。

K_2	K_1	运行指令
0	0	停止
1	0	反转
0	1	正转
1	1	停止

(a) 控制方法一

K_2	K_1	运行指令
0	0	停止
1	0	停止
0	1	正转
1	1	反转

(b) 控制方法二

图 2.19　正、反转控制原理

这两种方法在不同的变频器里有些只能选择其中的一种，有些可以通过功能设置来选择任意一种。但是如变频器定义为"反转禁止"时，则反转端子无效。

变频器由正向运转过渡到反向运转，或者由反向运转过渡到正向运转的过程中，中间都有输出零频的阶段，在这个阶段中，设置一个等待时间，即称为"正反转死区时间"，如图 2.20 所示。

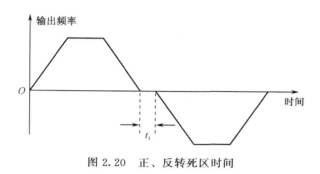

图 2.20　正、反转死区时间

2. 二线制和三线制控制模式

所谓三线制控制，就是模仿普通的接触器控制电路模式，当按下常开按钮 SB2 时，电动机正转起动，由于 X 多功能端子自定义为保持信号（或自锁信号）功能，松开 SB2，电动机的运行状态将能继续保持下去；当按下常闭按钮 SB1 时，X 与 COM 之间的联系被切断，自锁解除，电动机停止运行。如要选择反转控制，只需将 K 吸合，即 REV 功能作用（反转）。

三线制控制模式的"三线"是指自锁控制时需要将控制线接入到 3 个输入端子，与此相对应的就是以上讲述的"二线制"控制模式。

三线制控制模式共有两种类型，如图 2.21（a）和（b）所示。两者的唯一区别是右边一种可以接收脉冲控制，即用脉冲的上升沿来替代 SB2（起动），下降沿来替代 SB1（停止）。在脉冲控制中，要求 SB1 和 SB2 的指令脉冲能够保持时间达 50ms 以上，否则为不动作。

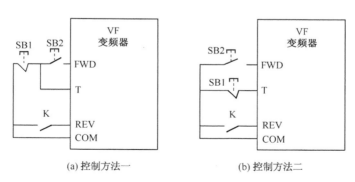

(a) 控制方法一　　　　　　(b) 控制方法二

图 2.21　三线制端子控制

3. 点动

端子控制的点动命令将比键盘更简单，它只要在变频器运行的情况下（无论正转还是反转），都能设置单独的两个端子来实现正向点动和反向点动，其点动运行频率、点动间隔时间以及点动加减速时间跟键盘控制和通信控制方式下相同，均可在参数内设置。

2.3.3 通信控制

通信控制的方式与通信给定的方式相同，在不增加线路的情况下，只需将上位机的变频器的传输数据改一下即可对变频器进行正、反转、点动、故障复位等控制。

2.4 变频器的起动制动方式

变频器的起动制动方式是指变频器从停机状态到运行状态的起动方式、从运行状态到停机状态的方式以及从某一运行频率到另一运行频率的加速或减速方式。

2.4.1 起动运行方式

变频器从停机状态开始起动运行时通常有以下几种方式。

变频器的起动方式

1. 从起动频率起动

变频器接到运行指令后，按照预先设定的起动频率和起动频率保持时间起动。该方式适用于一般的负载。

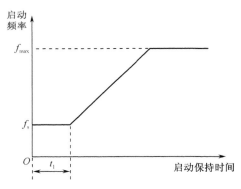

图 2.22　起动频率与起动保持时间示意

起动频率是指变频器起动时的初始频率，如图 2.22 所示的 f_s，它不受变频器下限频率的限制；起动频率保持时间是指变频器在起动过程中，在起动频率下保持运行的时间，如图中的 t_1 所示。

电动机开始起动时，并不从 0 Hz 开始加速，而是直接从某一频率下开始加速。在开始加速瞬间，变频器的输出频率便是上述所说的起动频率。设置起动频率是部分生产设备的实际需要。比如，有些负载在静止状态下的静摩擦力较大，难以从 0 Hz 开始起动，设置了起动频率后，可以在起动瞬间有一点冲力，使拖动系统较易起动起来；在若干台水泵同时供水的系统里，由于管道里已经存在一定的水压，后起动的水泵在频率很低的情况下将难以旋转起来，故也需要电动机在一定频率下直接起动；锥形电动机如果从 0 Hz 开始逐渐升速，将导致定子和转子之间的摩擦，所以设置起动频率，可以在起动时很快建立起足够的磁通，使转子和定子间保持一定的气隙等。

起动频率保持时间的设置对于下面几种情况比较适合：①对于惯性较大的负载，起动后先在较低频率下持续一个短时间 t_1，然后再加速运行到稳定频率；②齿轮箱的齿轮之间总是有间隙的，起动时容易在齿轮间发生撞击，如在较低频率下持续一个短时间 t_1，可以减缓齿轮间的碰撞；③起重机械在起吊重物前，吊钩的钢丝绳通常是处于松弛的状态，起动频率保持时间 t_1 可首先使钢丝绳拉紧后再上升；④有些机械在环境温度较低的情况下，润滑油容易凝固，故要求先在低速下运行一个短时间 t_1，使润滑油稀释后再加速；⑤对于附有机械制动装置的电磁制动电动机，在磁抱闸松开过程中，为了减小闸皮和闸辊之间的摩擦，要求先在低速下运行，待磁抱闸完全松开后再升速。

从起动频率起动对于驱动同步电动机尤其适合。

2. 先制动再起动

本起动方式是指先对电动机实施直流制动，然后再按照方式一进行起动。该方式适用于变频器停机状态时电动机有正转或反转现象的小惯性负载，对于高速运转大惯性负载则不适合。

图 2.23 所示为先制动再起动的功能示意，起动前先在电动机的定子绕组内通入直流电流，以保证电动机在零速的状态下开始起动。如果电动机在起动前，拖动系统的转速不为零，而变频器的输出是从 0Hz 开始上升，则在起动瞬间，将引起电动机的过电流故障。

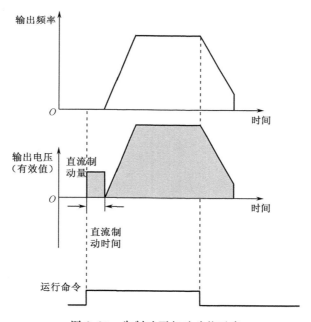

图 2.23　先制动再起动功能示意

它包含两个参数：制动量和直流制动时间，前者表示应向定子绕组施加多大的直流电压，后者表示进行直流制动的时间。

3. 转速跟踪再起动

在这种方式下，变频器能自动跟踪电动机的转速和方向，对旋转中的电动机实施平滑无冲击起动，因此变频器的起动有一个相对缓慢的时间用于检测电动机的转速和方向，如图 2.24 所示。该方式适用于变频器停机状态时电动机有正转或反转现象的大惯性负载瞬时停电再起动。

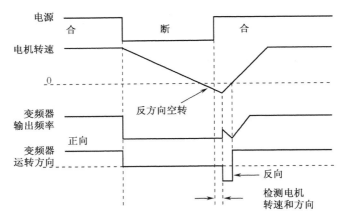

图 2.24　转速跟踪再起动功能示意

2.4.2　加减速方式

变频器从一个速度过渡到另外一个速度的过程称为加、减速。速度上升称为加速，速度下降称为减速。加、减速方式主要有以下几种。

1. 直线加减速

变频器的输出频率按照恒定斜率递增或递减。变频器的输出频率随时间成正比地上升，大多数负载都可以选用直线加、减速方式。如图 2.25（a）所示。加速时间为 t_1、减速时间为 t_2。

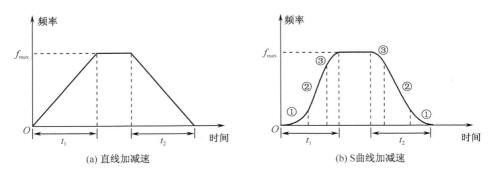

图 2.25　加、减速方式

一般定义加速时间为变频器从零速加速到最大输出频率所需的时间，减速时间则相反，变频器从最大输出频率减至零频所需的时间。

必须注意的是：在有些变频器定义中，加、减速时间不是以最大输出频率 f_{max} 为基准，而是以固定的频率（如 50 Hz）；加、减速时间的单位，可以根据不同的变频器型号选择为 s 或 min；一般大功率的变频器其加、减速时间相对较长；加、减速时间必须根据负载要求适时调整，否则容易引起加速过流和过压、减速过流和过压故障。

2. S 曲线加减速

变频器的输出频率按照 S 曲线递增或递减，如图 2.25（b）所示。

人们将 S 曲线划分为 3 个阶段的时间，S 曲线起始段时间如图 2.25（b）中①所示，这里输出频率变化的斜率从零逐渐递增；S 曲线上升段时间如图 2.25（b）中②所示，这里输出频率变化的斜率恒定；S 曲线结束段时间如图 2.25（b）中③所示，这里输出频率变化的斜率逐渐递减到零。将每个阶段时间按百分比分配，就可以得到一条完整的 S 曲线。因此，只需要知道 3 个时间段中的任意两个，就可以得到完整的 S 曲线，因此在某些变频器只定义了起始段①和上升段②，而有些变频器则定义两头起始段①和结束段③。

S 曲线加减速，非常适合于输送易碎物品的传送机、电梯、搬运传递负载的传送带以及其他需要平稳改变速度的场合。例如，电梯在开始起动以及转入等速运行时，从考虑乘客的舒适度角度出发，应减缓速度的变化，以采用 S 形加速方式为宜。

3. 半 S 形加减速方式

它是 S 曲线加减速的衍生方式，即 S 曲线加减速在加速的起始段或结束段，按线性方式加速；而在结束段③或起始段①，按 S 形方式加速。因此，半 S 形加减速方式要么只有①，要么只有③，其余均为线性，如后者主要用于像风机一类具有较大惯性的二次方律负载中，由于低速时负荷较轻，故可按线性方式加速，以缩短加速过程；高速时负荷较重，加速过程应减缓，以减小加速电流；前者主要用于惯性较大的负载。

4. 其他

其他还有如倒 L 形加减速方式、U 形加减速方式等，具体可以参看变频器说明书。

2.4.3 停机方式

变频器接收到停机命令后从运行状态转入到停机状态，通常有以下几种方式。

1. 减速停机

变频器接到停机命令后，按照减速时间逐步减少输出频率，频率降为零后停机。该方式适用于大部分负载的停机。

2. 自由停车

变频器接到停机命令后，立即中止输出，负载按照机械惯性自由停止。变频器通过停止输出来停机，这时电动机的电源被切断，拖动系统处于自由制动状态。由于停机时间的长短由拖动系统的惯性决定，故也称为惯性停机。

3. 带时间限制的自由停车

变频器接到停机命令后，切断变频器输出，负载自由滑行停止。这时，在运行待机时间 T 内，可忽略运行指令。运行待机时间 T 由停机指令输入时的输出频率和减速时间决定。

4. 减速停机加上直流制动

变频器接到停机命令后，按照减速时间逐步降低输出频率，当频率降至停机制动起始频率时，开始直流制动至完全停机，如图 2.26 所示。

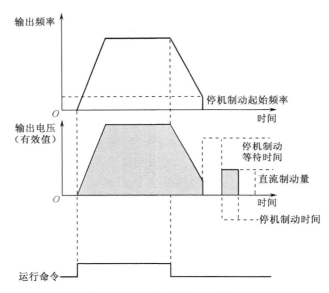

图 2.26　减速停车加直流制动

直流制动是在电动机定子中通入直流电流，以产生制动转矩。因为电动机停车后会产生一定的堵转转矩，所以直流制动可在一定程度上替代机械制动；但由于设备及电动机自身的机械能只能消耗在电动机内，同时直流电流也通入电动机定子中，所以使用直流制动时，电动机温度会迅速升高，因而要避免长期、频繁使用直流制动；直流制动是不控制电动机速度的，所以停车时间不受控。停车时间根据负载、转动惯量等的不同而不同；直流制动的制动转矩是很难实际计算出来的。

2.4.4　能耗制动和回馈制动方式

1. 基本概念

不少的生产机械在运行过程中需要快速地减速或停车，而有些设

能耗制动的
连接方式

备在生产中要求保持若干台设备前后一定的转速差或者拉伸率，这时就会产生发电制动的问题，使电动机运行在第二或第四象限。然而在实际应用中，由于大多通用变频器都采用电压源的控制方式，其中间直流环节有大电容钳制着电压，使之不能迅速反向，另外交直回路又通常采用不可控整流桥，不能使电流反向，因此要实现回馈制动和四象限运行就比较困难。

　　图 2.27（a）和（b）所示为变频器调速系统的两种运行状态，即电动和发电。在变频调速系统中，电动机的降速和停机是通过逐渐减小频率来实现的，在频率减小的瞬间，电动机的同步转速随之下降，而由于机械惯性的原因，电动机的转子转速未变。当同步转速 ω_1 小于转子转速 ω 时，转子电流的相位几乎改变了 180°，电动机从电动状态变为发电状态；与此同时，电动机轴上的转矩变成了制动转矩 T_e，使电动机的转速迅速下降，电动机处于再生制动状态。电动机再生的电能 P 经续流二极管全波整流后反馈到直流电路。由于直流电路的电能无法通过整流桥回馈到电网，仅靠变频器本身的电容吸收，虽然其他部分能消耗电能，但电容仍有短时间的电荷堆积，形成"泵升电压"，使直流电压 U_d 升高。过高的直流电压将使各部分器件受到损害。

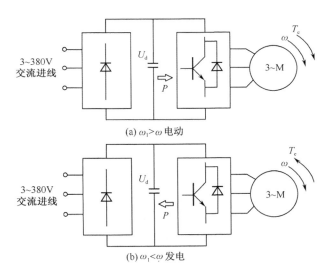

(a) $\omega_1 > \omega$ 电动

(b) $\omega_1 < \omega$ 发电

图 2.27　变频器调速系统的两种运行状态

　　因此，对于负载处于发电制动状态中必须采取必需的措施处理这部分再生能量。常用的方法是采用电阻能耗制动和交流回馈制动。

2. 电阻能耗制动

　　电阻能耗制动采用的方法是在变频器直流侧加放电阻单元组件，将再生电能消耗在功率电阻上来实现制动。这是一种处理再生能量的最直接的办法，它是将再生能量通过专门的能耗制动电路消耗在电阻上，转化为热能，如图 2.28 所示。

制动电阻的计算

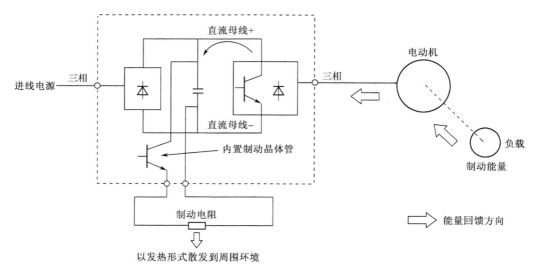

图 2.28　能耗制动过程

电阻能耗制动包括制动单元和制动电阻两部分。制动单元根据安装形式可分内置式和外置式两种，前者是适用于中、小功率的通用变频器，后者则是适用于中、大功率变频器或是对制动有特殊要求的工况中。从原理上讲，二者并无区别，都是作为接通制动电阻的"开关"，它包括功率管、电压采样比较电路和驱动电路。制动电阻是用于将电动机的再生能量以热能方式消耗的载体，它包括电阻阻值和功率容量两个重要的参数。

3. 回馈制动

在减速期间，产生的功率如果不通过热消耗（或电阻能耗制动）的方法消耗掉，而是把能量返回送到变频器电源侧的方法叫做功率返回再生方法，这种制动方式称为回馈制动。在实际中，由于普通的变频器并不具有这种功能，而是需要额外的"能量回馈单元"选件或者专用四象限变频器。能量回馈单元的工作原理是把变频器直流环节的电能，变换成一个和电网电源同步同相位的交流正弦波，把电能反馈回电网再生利用。

要实现直流回路与电源间的双向能量传递，一种最有效的办法就是采用有源逆变技术，即将再生电能逆变为与电网同频率、同相位的交流电回送电网，从而实现制动。图 2.29 所示为回馈电网制动原理，它采用了电流追踪型 PWM 整流器，这样就容易实现功率的双向流动，且具有很快的动态响应速度。同时，这样的拓扑结构使得人们能够完全控制交流侧和直流侧之间的无功和有功的交换。

制动特点：广泛应用于 PWM 交流传动的能量回馈制动场合，节能运行效率高；不产生任何异常的高次谐波电流成分，绿色环保；功率因数≈1；多电动机传动系统中，每一单机的再生能量可以得到充分利用；节省投资，易于控制网侧谐波和无功分量。

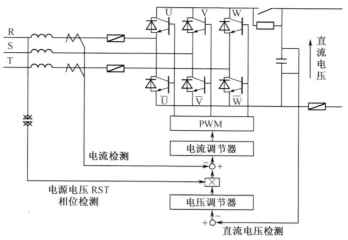

图 2.29　回馈电网制动原理

2.5　技能训练 1：三菱 D700 变频器运行模式的操作

2.5.1　D700 变频器主电路端子的接线

1. 单相与三相变频器的输入接线端子

三菱 D700 变频器有单相输入与三相输入两种，其中 D720S 为单相、D740 为三相，进线接法如图 2.30 所示。

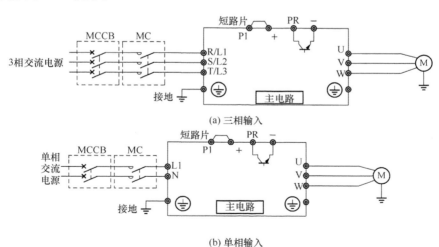

(a) 三相输入

(b) 单相输入

图 2.30　三菱 D700 变频器输入接线

2. 主回路端子的说明

从图 2.30 中可以看出，连接在"P1"和"＋"之间的缺省配置为短路片，如果为了提高变频器的输入功率因数，则可以改为如图 2.31 所示的直流电抗器，即将短路片取下。如图 2.32 所示为加入三菱 FR-FEL 直流电抗器的示意图。

图 2.31　直流电抗器外观

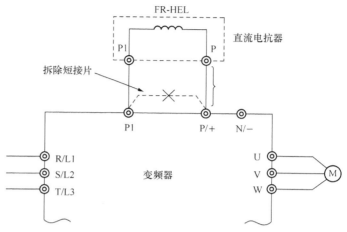

图 2.32　加入三菱 FR-HEL 直流电抗器

直流电抗器（又称平波电抗器）主要用于变流器的直流侧，电抗器中流过具有交流分量的直流电流。主要用途是将叠加在直流电流上的交流分量限定在某一规定值，保持整流电流连续，减小电流脉动值，改善输入功率因数。

2.5.2　D700 变频器控制端子输入信号的熟悉

1. 输入信号端子名称与功能说明

表 2.1 所示为输入数字量信号端子名称与功能说明。其中 STF、STR、RH、RM、RL 五个端子均可以重新定义，其助记符只不过是变频器参数的缺省设置。

表 2.1　输入数字量信号端子名称与功能说明

端子记号	端子名称	端子功能说明	
STF	正转起动	STF 信号 ON 时为反转，OFF 时为停止指令	STF、STR 信号同时 ON 时变成停止指令
STR	反转起动	STR 信号 ON 时为正转，OFF 时为停止指令	
RH、RM、RL	多段速度选择	用 RH、RM 和 RL 信号的组合可以选择多段速度	
SD	接点输入公共端（漏型）（初始设定）	接点输入端子（漏型逻辑）	
	外部晶体管公共端（源型）	源型逻辑时当连接晶体管输出（即集电极开路输出），例如可编程控制器（PLC）时，将晶体管输出用的外部电源公共端接到该端子时，可以防止因漏电引起的误动作	
	DC 24V 电源公共端	DC 24V /0.1A 电源（端子 PC）的公共输出端子，与端子 5 及端子 SE 绝缘	

端子记号	端子名称	端子功能说明
PC	外部晶体管公共端（漏型）（初始设定）	漏型逻辑时当连接晶体管输出（即集电极开路输出），例如可编程控制器（PLC）时，将晶体管输出用的外部电源公共端接到该端子时，可以防止因漏电引起的误动作
	接点输入公共端（源型）	接点输入端子（源型逻辑）的公共端子
	DC 24V 电源	可作为 DC 24V/0.1A 的电源使用

表 2.2 所示为输入模拟量信号端子名称、功能说明和额定规格。

表 2.2　输入模拟量信号端子名称、功能说明和额定规格

端子记号	端子名称	端子功能说明	额定规格
10	频率设定用电源	作为外接频率设定（速度设定）用电位器时的电源使用	DC 5V±0.2V　容许负载电流 10mA
2	频率设定（电压）	如果输入 DC 0～5V（或 0～10V），在 5V（10V）时为最大输出频率，输入/输出成正比。通过 Pr.73 进行 DC 0～5V（初始设定）和 DC 0～10V 输入的切换操作	输入电阻 10kΩ±1kΩ　最大容许电压 DC 20V
4	频率设定（电流）	如果输入 DC 4～20mA（或 0～5V、0～10V），在 20mA 时为最大输出频率，输入/输出成比例。只有 AU 信号为 ON 时，端子 4 的输入信号才会有效（端子 2 的输入将无效）。通过 Pr.267 进行 4～20mA（初始设定）和 DC 0～5V、DC 0～10V 输入的切换操作。电压输入（0～5V、0～10V）时，请将电压/电流输入切换开关切换至"V"	电流输入的情况下：输入电阻 233Ω±5Ω，最大容许电流 30mA。电压输入的情况下：输入电阻 10kΩ±1kΩ，最大容许电压 DC 20V　电流输入（初始状态）　电压输入
5	频率设定公共端	是频率设定信号（端子 2 或 4）及端子 AM 的公共端子。请不要接地	—

请正确设定 Pr.267 和电压/电流输入切换开关，输入与设定相符的模拟信号。请将电压/电流输入切换开关设为"I"（电流输入规格）进行电压输入，若将开关设为"V"（电压输入规格）进行电流输入，可能导致变频器或外部设备的模拟电路发生故障。

2. 接线原理

三菱 D700 变频器的多功能输入端子可以选择漏型逻辑和源型逻辑两种方式。所谓漏型逻辑，就是当信号端子接通时，电流是从相应的输入端子流出，此时 D700 变频器端子 SD 是触点输入信号的公共端端子（图 2.33）。而源型逻辑模式指信号输入端子中有电流流入时信号为 ON 的逻辑模式，端子 PC 是触点输入信号的公共端端子，如图 2.34所示。

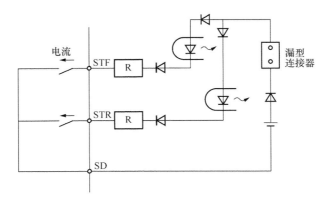

图 2.33 漏型逻辑下的输入端子接线

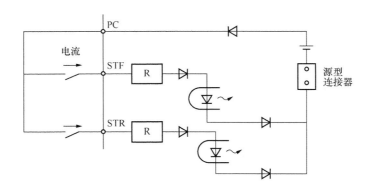

图 2.34 源型逻辑下的输入端子接线

2.5.3 运行模式功能与参数 Pr.79 的设置

运行模式通常包括频率给定方式和运转指令方式两个方面。对于 D700 变频器来说，运行模式的切换是通过参数 Pr.79 来实现的。

一般来讲，参数 Pr.79 可以实现以下 3 种功能。

1. 外部/PU 切换模式

表 2.3 所示为参数 Pr.79＝0、1、2 时的功能，其缺省参数为 0。

表 2.3　外部/PU 切换模式

参数编号	名称	初始值	设定范围	内容	LED 显示　▬：灭灯　▭：亮灯
79	模式选择	0	0	外部/PU 切换模式中，通过 (PU/EXT) 键可以切换 PU 与外部运行模式，电源投入时为外部运行模式	外部运行模式 EXT　PU 运行模式 PU
			1	PU 运行模式固定	PU
			2	外部运行模式固定；可以切换外部和网络运行模式	外部运行模式 EXT　网络运行模式 NET

2. 组合运行模式

表 2.4 所示为参数 Pr.79＝3、4 时的功能。

表 2.4　组合运行模式

参数编号	名称	初始值	设定范围	内容		LED 显示　▬：灭灯　▭：亮灯
79	模式选择	0	3	外部/PU 组合运行模式 1		PU　EXT
				运行频率	起动信号	
				用 PU（FR-DU07/FR-PU04-CH）设定或外部信号输入［多段速设定，端子 4、5 间（AU 信号 ON 时有效）］	外部信号输入（端子 STF、STR）	
			4	外部/PU 组合运行模式 2		
				运行频率	起动信号	
				外部信号输入（端子 2,4, 1, JOG, 多段速选择等）	在 PU(FR-DU07/FR-PU04-CH) 输入 (FWD) / (REV)	

3. 其他模式

当 Pr.79＝6 时表示可以一边继续运行状态，一边实施 PU 运行、外部运行和网络运行三者之间的切换。

当 Pr.79＝7 时表示外部运行模式（PU 操作互锁），即当 X12 信号 ON 时，可切换到 PU 运行模式（正在外部运行时输出停止）；X12 信号 OFF 时，禁止切换到 PU 运行模式。

2.5.4 实战任务1：三菱D700变频器的模拟量输入跳线的设置

【训练要求】

对三菱D700变频器模拟量端子进行输入跳线的设置。

【训练步骤】

训练步骤①：了解端子2和4的区别。

如表2.5所示，模拟量电压输入所使用的端子2可以选择0～5V（初始值）或0～10V。而模拟量输入所使用的端子4可以选择电压输入（0～5V、0～10V）或电流输入（4～20mA 初始值）。变更输入规格时，请变更Pr.267和电压/电流输入切换开关。

表2.5 模拟量端口2和4的设定范围

参数编号	名称	初始值	设定范围	电压/电流输入切换开关	输入信号类型	可逆运行
Pr.73	模拟量输入选择	1	0	无	端子2输入0～10V	无
			1	无	端子2输入0～5V	
			10	无	端子2输入0～10V	有
			11	无	端子2输入0～5V	
Pr.267	端子4输入选择	0	0	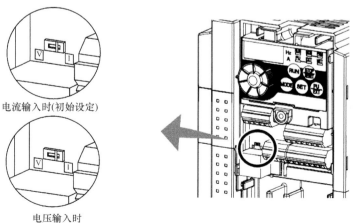	端子4输入4～20mA	跟Pr.73相关
			1		端子4输入0～5V	
			2		端子4输入0～10V	

训练步骤②：如图2.35所示设置V/I跳线。

端子4的额定规格随电压/电流输入切换开关的设定而变更。电压输入时：输入电阻 $10k\Omega \pm 1k\Omega$，最大容许电压 DC 20V；电流输入时：输入电阻 $233\Omega \pm 5\Omega$，最大容许电流 30mA。

电流输入时(初始设定)

电压输入时

图2.35 电压/电流输入切换开关

2.5.5　实战任务 2：运行指令方式为面板的三菱 D700 变频器起/停操作

【训练要求】

对三菱 D7001.5kW 变频器进行合理接线来完成如下控制要求：

1）通过外接电位器来调节电动机运行频率，并通过面板来起/停（图 2.36）。

2）通过模拟电流信号 4～20mA 来调节电动机运行频率，并通过面板来起/停。

3）通过开关 ON/OFF 来设定三段频率调节电动机运行速度（图 2.37），并通过面板来起/停。

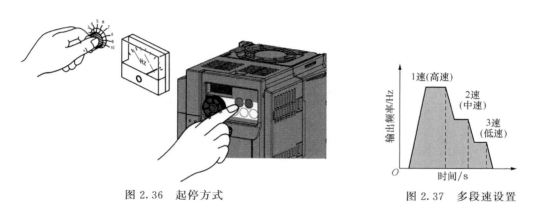

图 2.36　起停方式　　　　　　　　　　　　图 2.37　多段速设置

【训练步骤】

训练步骤①：按照图 2.38 接线要求，即起动命令由变频器 PU 发出，频率命令由电位器设定。

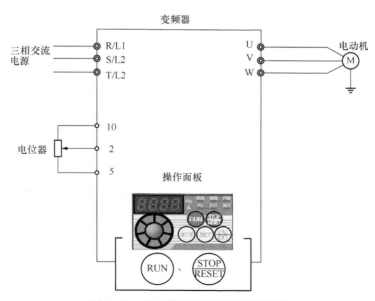

图 2.38　通过模拟信号进行频率设定

如图 2.39 设置参数时需要选择 Pr.79＝"4"（即外部/PU 组合运行模式 2）。

训练步骤②：按照图 2.40 接线要求，即起动命令由变频器 PU 发出，频率命令由 4～20mA 设定。设置参数时，将 Pr.178～Pr.182（输入端子功能选择）中的任意一个设定为"4"，将 AU 信号设定为 ON。Pr.178～Pr.182 为扩展参数。请设定 Pr.160＝"0"。同时，必须设置 Pr.79 运行模式选择＝"4"（外部/PU 组合运行模式 2）。

训练步骤③：按照图 2.41 接线要求，即起动命令由变频器 PU 发出，频率命令由 4～20mA 设定，参数设置（略）。

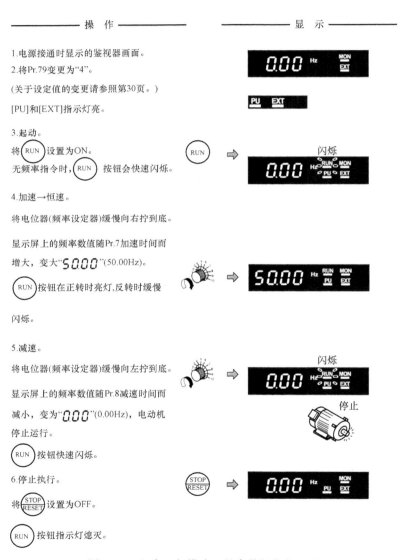

图 2.39 组合运行模式 2 的参数操作与显示

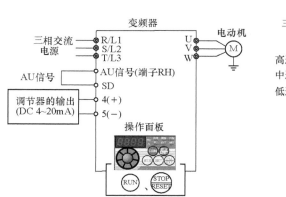

图 2.40 通过模拟信号进行频率设定

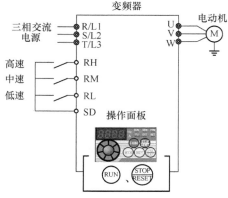

图 2.41 通过多段速进行速度设定

2.5.6 实战任务 3：运行指令方式为外部端子的三菱 D700 变频器起/停操作

【训练要求】

对三菱 D7001.5kW 变频器进行合理接线来完成如下控制要求：

1）如图 2.42 所示，通过操作面板的 M 旋钮来调节电动机运行频率，并通过外部端子 STF/STR 来正反转起/停。

2）如图 2.43 所示，通过开关 K1 来起/停电动机，并以 SB1/SB2/SB3 的组合来设定三段频率调节电动机运行速度（Pr. 4～Pr. 6、Pr. 24～Pr. 27）。

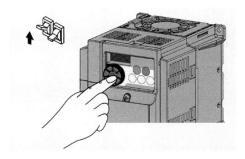

图 2.42 M 旋钮来调节电动机运行频率

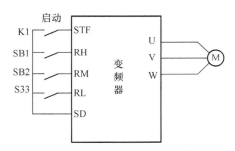

图 2.43 外部端子起动变频器

填写表 2.6，总结出变频器的运行规律。

表 2.6 多段速运行

RH 状态	OFF	OFF	OFF	ON	OFF	ON	ON	ON
RM 状态	OFF	OFF	ON	OFF	ON	OFF	ON	ON
RL 状态	OFF	ON	OFF	OFF	ON	ON	OFF	ON
设定频率								
对应 Pr. 值								

3）通过外接电位器来调节电动机运行频率，并通过外部端子 STF/STR 来正反转起/停。

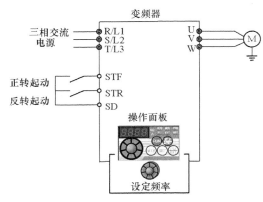

图 2.44　组合运行接线

4）通过模拟电流信号 4～20mA 来调节电动机运行频率，并通过外部端子 STF/STR 来正反转起/停，其中最大运行频率分 50Hz 和 40Hz 两种进行。

【训练步骤】

训练步骤①：按照图 2.44 所示接线要求，即起动命令由变频器 PU 发出，频率命令由电位器设定，并对变频器进行参数设置。

训练步骤②：多段速操作时，先按照图 2.45 和表 2.7 所示进行参数设定，其中 9999 值表示未选择该功能。

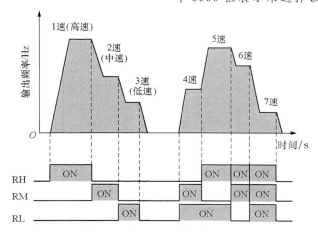

图 2.45　多段速参数值对应的端子组合和频率曲线

表 2.7　多段速参数设定

参数编号	名称	初始值	设定范围
Pr.4	多段速设定（高速）	50Hz	0～400Hz
Pr.5	多段速设定（中速）	30Hz	0～400Hz
Pr.6	多段速设定（低速）	10Hz	0～400Hz
Pr.24	多段速设定（4速）	9999	0～400Hz、9999
Pr.25	多段速设定（5速）	9999	0～400Hz、9999
Pr.26	多段速设定（6速）	9999	0～400Hz、9999
Pr.27	多段速设定（7速）	9999	0～400Hz、9999

训练步骤③：按照图 2.46 所示接线要求，频率由电位器设定，起动为端子。

训练步骤④：接线如图 2.47 所示。起动指令通过将 STF 与 SD 闭合或 STR 与 SD 闭合，模拟量则为端子 4。这时需要将 Pr.178～Pr.182（输入端子功能选择）中的任意一个设定为"4"，将 AU 信号（即端子 RH）设定为 ON。Pr.178～Pr.182 为扩展参数，浏览前需要设定 Pr.160＝"0"。最后设定 Pr.79 运行模式选择＝"2"（外部运行模式）。

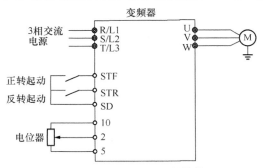

图 2.46 外部端子控制接线

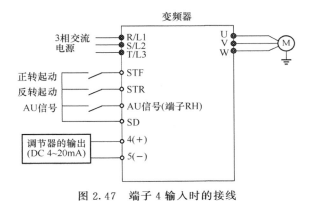

图 2.47 端子 4 输入时的接线

2.6 技能训练 2：西门子 MM420 变频器调试案例分析

2.6.1 MM420 变频器面板操作的参数设置

如图 2.48 所示为 MM420 变频器的接线。

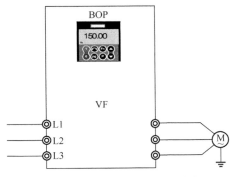

图 2.48 MM420 变频器的接线

MM420 变频器在面板操作的参数设置如表 2.8 所示。

表 2.8 面板操作的参数设置

参数代码	功能简介	设定数据
P0010	调试参数过滤器	1（快速调试）
P0700	选择命令源	1［BOP（键盘）设置］
P1000	频率设定值的选择	1（用 BOP 设定频率）
P0010	调试参数过滤器	0（准备运行）

2.6.2 MM420 变频器外部端子操作的参数设置

如图 2.49 所示为 MM420 变频器的接线，表 2.9 所示为外部操作起动的参数设置。

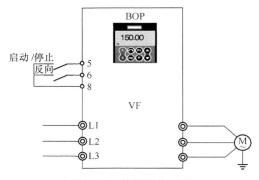

图 2.49 外部操作起动

表 2.9 外部操作起动的参数设置

参数代码	功能简介	设定数据
P0010	调试参数过滤器	1（快速调试）
P0700	选择命令源	2（由端子排输入）
P1000	频率设定值的选择	1［用 BOP 设定频率］ 2（模拟设定值）
P0010	调试参数过滤器	0（准备运行）

2.6.3 多段速的参数设置

图 2.50 所示为 MM420 变频器的接线，表 2.10 所示为其参数设置。

表 2.10 多段速参数的设置

参数代码	功能简介	设定数据
P0003	用户访问级	2（扩展访问参数）
P0700	选择命令源	2（由端子排输入）
P0701	数字输入 1 的功能	17（固定频率设定值）

续表

参数代码	功能简介	设定数据
P0702	数字输入 2 的功能	17（固定频率设定值）
P0703	数字输入 3 的功能	17（固定频率设定值）
P1000	频率设定值的选择	3（固定频率）
P1001	固定频率 1	设定频率
P1002	固定频率 2	设定频率
P1003	固定频率 3	设定频率
P1004	固定频率 4	设定频率
P1005	固定频率 5	设定频率
P1006	固定频率 6	设定频率
P1007	固定频率 7	设定频率

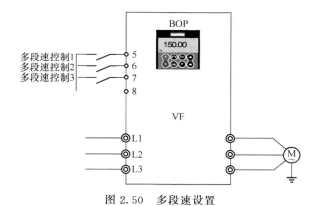

图 2.50　多段速设置

2.6.4　MM420 变频器应用 PID 的简单案例

MM420 变频器内部有 PID 调节器，可以方便地构成 PID 闭环控制，MM420 变频器 PID 控制原理简图如图 2.51 所示。PID 给定源和反馈源分别如表 2.11 和表 2.12 所示。

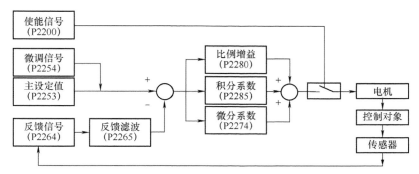

图 2.51　MM420 变频器 PID 控制原理简图

表 2.11　MM420　PID 给定源

PID 给定源	设定值	功能解释	说　　明
P2253	2250	BOP 面板	通过改变 P2240 改变目标值
	755.0	模拟通道 1	通过模拟量大小改变目标值
	755.1	模拟通道 2	

表 2.12　MM420　PID 反馈源

PID 反馈源	设定值	功能解释	说　　明
P2264	755.0	模拟通道 1	当模拟量波动较大时，可适当加大滤波时间，确保系统稳定
	755.1	模拟通道 2	

图 2.52 所示为 MM420 变频器应用 PID 的一个简单案例，它包括数字输入 1 端子为起动或停止、PID 设定值（变频器内部设定）、PID 反馈值（模拟量输入 1）。表 2.13 所示为 PID 的参数设置值。

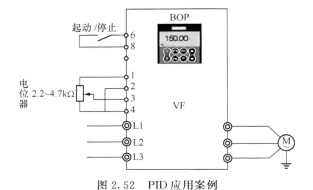

图 2.52　PID 应用案例

表 2.13　PID 参数的设置

参数代码	功能简介	设定数据
P701	数字输入 1 的功能	1（5 号端子为起动信号）
P756	ADC 的类型	1（带监控的单极性电压输入）
P2200	允许 PID 控制器投入	1（使能 PID）
P2253	PID 设定值信号源	2250（已激活的 PID 设定值）
P2240	PID-MOP 的设定值	10.00（PID-MOP 的设定值）
P2264	PID 反馈信号	755（模拟输入设定值）
P2265	PID 反馈滤波时间常数	5（根据实际调整）
P2280	PID 比例增益系数	0.5（根据实际调整）
P2285	PID 积分时间	15（根据实际调整）

2.6.5　MM420 变频器与 S7-200 的通信

1. MM420 与 S7-200 的硬件接线

如图 2.53 所示，连接 MM4 系列变频器时，将 485 电缆的两端插入两个卡式接线端。标准的 PROFIBUS 电缆和连接器可以用于连接 S7-200。以 MM420 变频器为例，其端子 15 与 S7-200 的 9 针 Port 口 Pin8 相连，其端子 14 与 S7-200 的 9 针 Port 口 Pin3 相连。

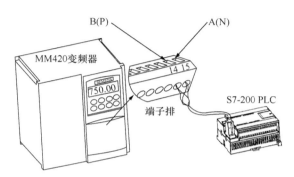

图 2.53　S7-200 与 MM420 的硬件连接

在连线过程中，具有不同参考电位的设备相互连接时会在连接电缆中形成电流，而这些电流又会导致通信错误或设备损坏。因此，确保要用通信电缆连接在一起的设备，要么共享一个公共参考点，要么彼此隔离以防止未预期电流的形成。

同时，接线中屏蔽层必须接到底盘地或 9 针接头的 Pin1，建议用户将 MM420 变频器上的接线端子 2（即 0V）接到外壳地上。

如果 S7-200 是网络中的端点，或者如果是点到点的连接，则必须使用连接器的端子 A1 和 B1（而非 A2 和 B2），因为这样可以接通终端电阻（例如，使用 DP 接头 6ES7972-0BA40-0XA0）。

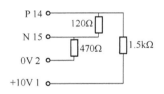

如果变频器在网络中组态为端点站，那么终端和偏置电阻必须正确地连接至连接终端上。例如，图 2.54 所示是对 MM420 变频器必须做的终端和偏置连接。

图 2.54　MM420 变频器的终端和偏置电阻连接

2. MM420 的参数设置步骤

在将 MM420 变频器连至 S7-200 之前，必须确保变频器具有以下系统参数。

1）将变频器恢复为出厂设置（可选）：P0010＝30，P0970＝1。

如果忽略该步骤，必须确保以下参数的设置。

USS PZD 长度：P2012 Index 0＝2；

USS PKW 长度：P2013 Index 0＝127。

2）使能对所有参数的读/写访问（专家模式）：P0003＝3。

3）检查驱动的电动机设置：

P0304 为额定电动机电压（V）；

P0305 为额定电动机电流（A）；

P0307 为额定功率（W）；

P0310 为额定电动机频率（Hz）；

P0311 为额定电动机速度（RPM）。

这些设置因使用的电动机不同而不同。

要设置参数 P304、P305、P307、P310 和 P311，必须先将参数 P010 设为 1（即快速调试模式）。当完成参数设置后，将参数 P010 再设置为 0。参数 P304、P305、P307、P310 和 P311 只能在快速调试模式下修改。

4）设置本地/远程控制模式（即命令源）：P0700 Index 0＝5。

5）在 COM 连接中设置到 USS 的频率设定值：P1000 Index 0＝5。

6）斜坡上升时间（可选）：P1120＝0～650.00。这是一个以秒为单位的时间，在这个时间内，电动机加速至最高频率。

7）斜坡下降时间（可选）：P1121＝0～650.00。这是一个以秒为单位的时间，在这个时间内，电动机减速至完全停止。

8）设置串行连接参考频率：P2000＝1～650Hz，默认为 50Hz。

9）设置 USS 标准化：P2009 Index 0＝0。

10）设置 RS-485 串口波特率：P2010 Index 0＝4（2400 波特），或＝5（4800 波特），或＝6（9600 波特），或＝7（19200 波特），或＝8（38400 波特），或＝9（57600 波特），或＝12（115200 波特）。

11）输入从站地址：P2011 Index 0＝0～31。最多达 31 个变频器，可通过串口 485 总线进行通信控制。

12）设置串行连接超时：P2014 Index 0＝0～65535 毫秒，如设置为 0 毫秒时，即为超时禁止。

这是到来的两个数据报文之间最大的间隔时间。该特性可用来在通信失败时关断变频器。当收到一个有效的数据报文后，计时起动。如果在指定时间内未收到下一个数据报文，变频器触发并显示故障代码 F0070。该值设为零则关断该控制。

13）从 RAM 向 EEPROM 传送数据：P0971＝1（起动传送）将参数设置的改变存入 EEPROM。

3. 通过 USS 指令控制一台 MM420 变频器的过程

1）使用 USS 协议的初始化模块初始化 S7-200 的 PORT0 端口（图 2.55）。

如图 2.55 所示，二进制值 2♯10 表示要初始化 USS 地址为 1 的变频器，波特率为 9600，此地址与波特率要与变频器参数的设置相同，即 P2010＝6（波特率）、P2011＝1（变频器站点地址）。

2）使用 USS＿CTRL 模块来控制 USS 地址为 1 的变频器（图 2.56）。

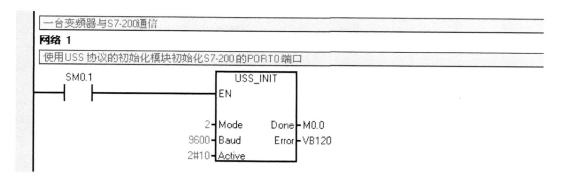

图 2.55 USS 初始化

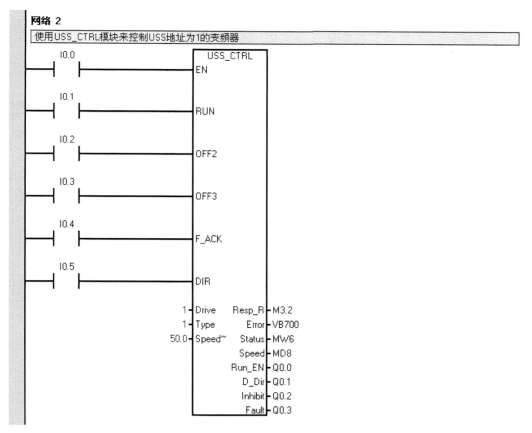

图 2.56 USS_CTRL 模块调用

3）下载程序前要在"程序块→库"选项上右击，如图 2.57 所示选择"库存储区"选项打开如图 2.58 所示的"库存储区分配"对话框，需要选择 USS 协议所占用的地址进行分配。

4）在 MM4 系列变频器中，不同的参数具有不同的类型，主要包括 3 种，即 U16、

U32 和浮点数。其中，U16 为 16 位无符号整数，U32 为 32 位无符号整数。

图 2.57 选择库存储区　　　　　　　图 2.58 库存储区分配

读写 U16 类型参数，如读写参数 P1000，可以使用 USS ＿ RPM ＿ W 和 USS ＿ WPM ＿ W 这两个功能块。

图 2.59 所示为 MM4 变频器 P1000 参数的说明，显然它为 U16 数据类型。

P1000	频率设定值的选择					最小值：0	访问级：
	CStat:	CT	数据类型：	U16	单位：-	缺省值：2	1
	参数组：	设定值	使能有效：	确认	快速调试：是	最大值：66	

图 2.59 P1000 参数说明

图 2.60 所示为一个读取 P1000 参数的案例，在运行此程序块的情况下，只要给 S7-200 的 I0.6 设置一个上升沿，就可以完成一次对参数 P1000 的读操作，读入的值被保存到 VW22 中。需要特别注意的是：USS ＿ RPM ＿ W 的 INDEX 值必须置 0，因为 MM4 变频器默认的是 PXXXX.0 参数组。

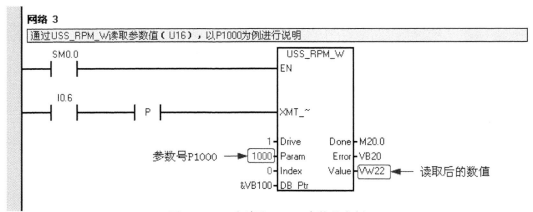

图 2.60 一个读取 P1000 参数的案例

写参数 P1000 的程序块如图 2.61 所示。在运行此程序块的情况下，只要给 S7-200 的 I0.7 设置一个上升沿，就可以完成一次对参数 P1000 的写操作，将值"5"写入参数 P1000。USS ＿ WPM ＿ W 的 EEPROM 是逻辑"0"时，写入的值只被保存到变频器的

RAM 中；当 EEPROM 是逻辑"1"时，写入的值同时被保存到变频器的 RAM 和 EEPROM 中，但向 EEPROM 中写数据有次数限制，最多不要超过 50000 次。

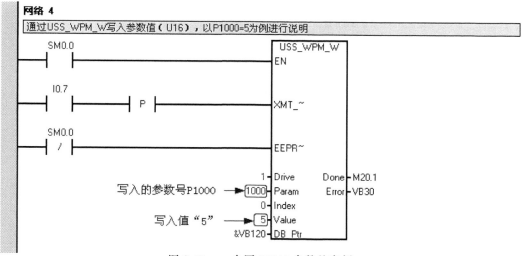

图 2.61　一个写 P1000 参数的案例

5）对于读写 U32 和浮点数类型的参数值，其编程方式同 4），唯一需要改变的是功能块略有区别：USS _ RPM _ D 和 USS _ WPM _ D 这两个功能块用来读写 32 位无符号整数；使用 USS _ RPM _ R 和 USS _ WPM _ R 这两个功能块用来读写浮点数。

本 章 小 结

本章主要阐述了变频器的 U/f 控制方式、无速度传感器矢量控制方式、闭环矢量控制方式、转矩控制方式，同时针对变频器在不同频率给定方式、运转指令方式下的基本概念和参数设置进行了详尽描述，最后给出了变频器不同的起动制动方式。

通过对本章的学习，需要掌握以下知识目标和能力目标。

知识目标：

1. 掌握变频器控制方式的定义、特点；

2. 掌握不同变频器控制方式的运行特性及区别；

3. 变频器的频率给定方式种类；

4. 变频器的运转指令方式种类；

5. 变频器的起动制动方式种类。

能力目标：

1. 能够区分变频器的不同控制方式，并能在参数组中进行设置；

2. 能够设置变频器 U/f 曲线，并进行变频器初步运行；

3. 能够正确设置变频器的转矩提升值，并能测量变频器输出电压的变化；

4. 能够进行矢量控制的参数设置，并进行电动机参数输入；

5. 能够针对不同的频率给定方式、运转指令方式进行参数设定，并使变频器运行；

6. 能够区分模拟量输入的电压类型与电流类型，并进行正确设置；

7. 能够区分变频器的制动单元、制动电阻，并能正确接线。

■■■■■■■■■■■■■■■■■■■■■ **思考与练习题** ■■■■■■■■■■■■■■■■■

2.1 在很多工厂进口设备中，电动机的额定工作电压和频率均不符合 380V/50Hz 的中国标准，你觉得国产变频器能用吗？假如能够使用应该注意哪些事项？

2.2 图 2.62 所示为某变频器运行 U/f 曲线，请根据图中的数字标注进行参数设定。（其中变频器型号分别为三菱 D700 系列、西门子 MM4 系列）

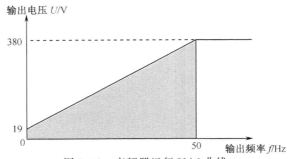

图 2.62 变频器运行 U/f 曲线

2.3 一台三菱 D700 系列变频器用于皮带传送机（图 2.63），为了提高带负载起动能力，一般都将它设置为矢量控制方式，这是为什么？假如进行矢量控制，应该如何设置参数？如果采用 DTC 控制，应该更换成什么变频器？

图 2.63 带输送机

2.4 图 2.64 所示为三菱 D700 系列变频器控制接线，其功能要求实现正转、反转的端子控制，需要设定哪些参数？并根据起动时序图画出相对应的"输出频率–时间"曲线。

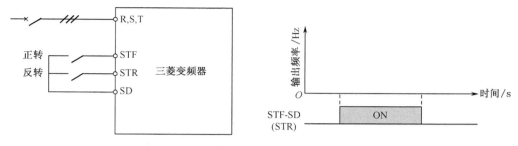

图 2.64　三菱 D700 变频器的端子控制

2.5　变频器在速度控制时会应用到旋转编码器，能否找到一种合适的编码器型号？并画出与变频器 PG 接口之间的具体连线。

2.6　对于电梯应用中的变频器来说（图 2.65），哪种加、减速方式最适合人体舒适度？以一种变频器为例，进行加减速参数设定。

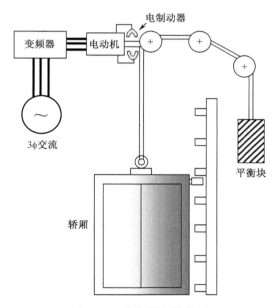

图 2.65　变频器电梯应用

2.7　如图 2.66 所示为某变频器进行正转与反转运行过程，请结合现场变频器型号进行 A 点和 B 点的参数设定，以确保变频器正常工作。

2.8　变频器既能工作在端子控制方式，也能工作在键盘工作方式，那么这两者之间如何切换？请阐述切换过程（图 2.67）。

2.9　请阐述变频直流制动、能耗制动和回馈制动的定义，并比较它们之间的区别。以三菱 D700 系列变频器为例，设置直流制动参数。

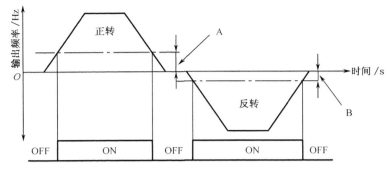

图 2.66　变频器正转与反转

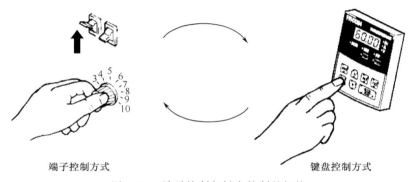

端子控制方式　　　　　　　　　　　　键盘控制方式

图 2.67　端子控制与键盘控制的切换

2.10　图 2.68 所示为某进口电动机的铭牌参数，请使用三菱 700 系列变频器进行电动机参数调谐，如何设置参数？并描述电动机调谐步骤。

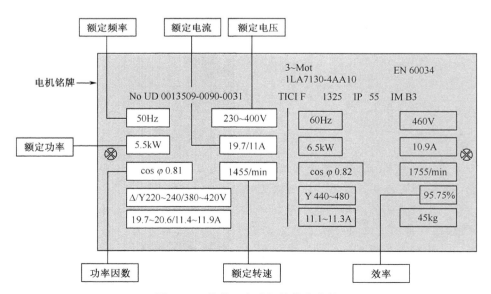

图 2.68　某进口电动机的铭牌参数

第 3 章

变频器控制系统的设计

【内容提要】

　　变频调速系统是由变频器、电动机和工作机械等装置组成的机电系统，其任务就是使电动机实现由电能向机械能的转换，完成工作机械起动、运转、调速、制动等工艺要求。在变频调速系统中，必须了解电动机的机械特性、负载设备的机械特性及运行的工艺特性，才能进行合理的变频调速配置，最终确保生产设备的正常工作。

　　本章在阐述变频器系统设计原理的基础上，从转速控制、PID 控制和通信控制 3 方面出发，详细介绍了变频器的应用原理。根据具体的工艺条件和机械设备，在以转速为控制对象的变频调速系统中，必须选择速度控制范围符合要求的变频器及变频器的控制方式。涉及流体工艺的变频系统通常都是以流量、压力、温度、液位等工艺参数为控制量，实现恒量或变量控制，这就需要变频器工作于 PID 方式下，按照工艺参数的变化趋势来调节泵或风机的转速。而变频器的通信设计通常是从两个层面考虑，即通用的 RS232/485 通信和现场总线通信。最后根据变频器的实际应用情况介绍了变频器控制柜的设计。

3.1　变频调速系统的设计原理

3.1.1　变频调速系统的基本概念

　　变频调速系统一般都是针对电力拖动而言，主要是由变频器、电动机和工作机械等装置组成的机电系统。电力拖动的任务就是使电动机实现由电能向机械能的转换，完成工作机械起动、运转、调速、制动工艺要求。图 3.1 所示为钻床变频调速系统的组成。

　　简而言之，变频调速系统也就是由电动机带动机械设备以自由调节的速度进行旋转的运行系统。在该系统中，必须了解电动机的机械特性，同时也需要了解负载设备的机械特性及运行的工艺特性，才能进行合理的变频调速配置，最终确保机械设备的正常工作。

　　1. 机械特性

　　所谓机械特性就是描述电动机转速 n 与转矩 T 之间的关系 $n = f(T)$ 的函数特性。在变频调速系统中，有两种机械特性，即电动机的机械特性和机械设备（或负载设备）

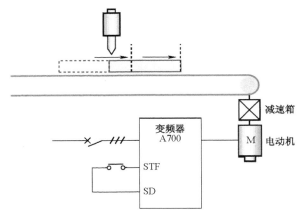

图 3.1　钻床变频调速系统的组成

的机械特性。

　　以异步电动机为例，电动机内产生转矩的根本原因就是电流和磁场间相互作用的结果，即电磁转矩。电磁转矩 T_m 的大小与电流和磁通量的乘积成正比：

$$T_m = R_T I_1 \Phi_m \cos\theta_2 \tag{3-1}$$

式中，R_T 为转矩常数；I_1 为定子电流；Φ_m 为每极的磁通量；$\cos\theta_2$ 为转子电流的功率因数。

　　根据式(3-1)，可以作出下面的机械特性曲线 1（图 3.2）。但是，作为拖动机械设备的原动转矩，应该是电动机轴上的输出转矩，是由电磁转矩克服了电动机内部的摩擦损耗和通风损耗的结果。但由于摩擦损耗和通风损耗都很小，为了简化分析这一过程，常粗略地把异步电动机机械特性中的转矩看作是电动机轴上的输出转矩。

　　负载的机械特性是描述机械设备的阻转矩和转速之间的关系曲线。如鼓风机的阻转矩 T_L 与转速 n_L 的平方成正比：

$$T_L = T_0 + K_T n_L^2 \tag{3-2}$$

式中，T_0 为转矩损耗，主要由传动机构及轴承等的摩擦损耗所致；K_T 为常数。

　　由式 (3-2) 得到的负载特性如图 3.2 中的曲线 2 所示。通常，为了简化分析这一

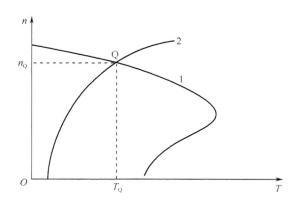

图 3.2　电力拖动系统的机械特性

过程，常粗略地将损耗转矩也计算在负载转矩中。

因此，机械特性中的电动机转矩 T_m 可以看作是电动机输出轴的转矩；负载转矩 T_L 可以看作是负载阻转矩和损耗转矩之和。

电力拖动系统的工作状态必须由电动机的机械特性和负载的机械特性共同决定，也就是当动转矩（即电动机的转矩）与阻转矩（即负载的转矩）刚刚平衡的时候，电动机就处于稳定运行状态。具体地说，由曲线 1 和曲线 2 处于交点 Q 时，电动机和负载的转矩处于平衡状态，这时的稳定运行速度为 n_Q，拖动系统的功率 P_Q 则由下式进行计算：

$$P_Q = T_Q n_Q / 9550 \tag{3-3}$$

式中，如 T_Q 的单位为 N·m，n_Q 的单位为 r/min，则 P_Q 的单位为 kW。

Q 点称为电力拖动的工作点，也是变频调速系统的工作点。

2. 负载的机械特性分类

正确地把握变频器驱动的机械负载对象的机械特性（即转速–转矩特性），是选择电动机及变频器容量、决定其控制方式的基础。机械负载种类繁多、包罗万象，但归纳起来，主要有以下 3 种：恒转矩负载、平方降转矩负载和恒功率负载。

（1）恒转矩负载

对于传送带、搅拌机、挤出机等摩擦负载以及行车、升降机等势能负载，无论其速度变化与否，负载所需要的转矩基本上是一个恒定的数值，此类负载就称为恒转矩负载，其特性如图 3.3（a）所示。

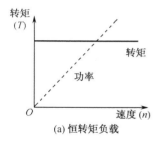
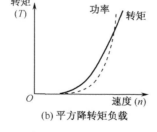
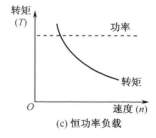

图 3.3　转速–转矩特性

例如，行车或吊机所吊起的重物，其重量在地球引力的作用下产生的重力是永远不变的，所以无论升降速度大小，在近似匀速运行条件下，即为恒转矩负载。由于功率与转矩、转速两者之积成正比，所以机械设备所需要的功率与转矩、转速成正比。电动机的功率应与最高转速下的负载功率相适应。

（2）平方降转矩负载

离心风机和离心泵等流体机械，在低速时由于流体的流速低，所以负载只需很小的转矩。随着电动机转速的增加，而气体或液体的流速加快，所需要的转矩大小以转速平方的比例增加或减少，这样的负载称为平方降转矩负载，其特性如图 3.3（b）所示。

在这种方式下，因为负载所消耗的能量正比于转速的 3 次方，所以通过变频器控制流体机械的转速，与以往那种单纯依靠风门挡板或截流阀来调节流量的定速风机或定速泵相比，可以大大节省浪费在挡板、管壁上的能源，从而起到节能的显著作用。

（3）恒功率负载

机床的主轴驱动、造纸机或塑料片材的中心卷曲部分、卷扬机等输出功率为恒值，与转速无关，这样的负载特性称为恒功率负载，其特性如图 3.3（c）所示。

例如，卷纸机要求以一定的速度和相同的张力卷曲纸张。在卷曲初期，由于转矩可以较小，但随着纸卷直径的逐渐变大，纸卷的转速也随之变低，而转矩必须相应增大。

3. 负载的运行工艺分类

由于不同的工艺要求对机械设备也提出了不同的工作状态和控制模式，归纳起来主要有以下几种。

（1）连续恒定负载

连续恒定负载是指负载在足够长的时间里连续运行，并且在运行期间，转矩基本不变。所谓"足够长的时间"是指这段时间内，电动机的温升将足以达到稳定值。典型例子就是恒速运行的风机。

（2）连续变动负载

连续变动负载是指负载也是在足够长的时间里连续运行的，但在运行期间，转矩是经常变动的。车床在车削工件时的工况以及塑料挤出机的主传动就是这种负载的典型案例。

这类负载除了满足温升方面的要求外，还必须满足负载对过载能力的要求。

（3）断续负载

断续负载是指负载时而运行，时而停止。在运行期间，温升不足以达到稳定值；在停止期间，温升也不足以降至零。起重机械如行车、电梯等都属于这类负载。

这类负载常常是允许电动机短时间过载的，因此，在满足温升方面要求的同时，还必须有足够的过载能力。有时，过载能力可能是更主要的方面。

（4）短时负载

负载每次运行的时间很短，在运行期间，温升达不到稳定值；而每两次运行之间的间隔时间很长，足以使电动机的温升下降至零。水闸门的拖动系统属于这类负载。

对于这类负载，电动机只要有足够的过载能力即可。

（5）冲击负载

加有冲击的负载叫冲击负载。例如，在轧钢机的钢锭压入瞬间产生的冲击负载、冲压机冲压瞬间产生的冲击负载等最具代表性。这类机械，冲击负载的产生事先可以预测，容易处理。

当然，也有一些不测现象产生的冲击负载，如处理含有粉尘、粉体空气的风机，当管道中长期堆积的粉体硬块落入叶片上时，就是一种冲击负载。

冲击负载会引起两个问题：过流跳闸；速度的过度变动。

对于冲击负载，国内通常都使用 YH 系列高转差率三相异步电动机，它是 Y 系列电动机的派生系列，具有堵转转矩大、堵转电流小、转差率高和机械特性软等特点，尤其适用于不均匀冲击负载以及正、反转次数多的工作场合，如锤击机、剪刀机、冲压机和煅冶机等机械设备。

（6）脉动转矩负载

在往复式压缩机中利用曲轴将电动机的旋转运动转换成往返运动，转矩随着曲轴的角度而变动。在这种情况下，电动机的电流随着负载的变化而产生大的脉动。这类负载是一种周期性的曲轴类负载，它必须考虑到飞轮惯量 GD^2，因为一旦采用加大飞轮的方法来平滑脉动转矩时，加、减速时间就会随之增加，否则减速时的回馈能量就会变大。

（7）负负载

当负载要求电动机产生的转矩与电动机转动方向相反时，此类负载就是负负载。负负载的类型通常有两种。

1）由于速度控制需要而在四象限运行的机械设备。如起重机下放重物运转时，电动机向着被负载牵引的方向旋转，此时电动机产生的转矩是阻碍重物下放的，即与旋转方向相反。这类负载包括行车、吊机、电梯等升降机械和倾斜下坡的带输送机。

2）由于转矩控制需要而在四象限运行的机械设备。在卷取片材状物料进行加工作业时，为了给加工物施加张力而设置的卷送传送装置就是负负载。这里使用的电动机速度决定于其对应的卷取机和原动机的运转速度，而电动机只被要求用来产生制动转矩。这类负载包括造纸用的放卷和收卷设备、钢铁用的夹送辊、纺织用的卷染机等。

（8）大起动转矩负载

类似搅拌机、挤出机、金属加工机床等在起动初期必须克服很大的摩擦力才能起动，因此很多情况下都被当作重载使用。

（9）大惯性负载

离心分离机等负载惯性大，不仅起动费力，而且停车也费时。

3.1.2　变频器的选择

交流电动机利用变频器组成调速系统时如图 3.4 所示，应合理选择变频器的容量及其外围设备。

图 3.4　变频调速系统中的变频器与电动机

1. 根据负载的机械特性选择变频器

（1）恒转矩负载

带式输送机是恒转矩负载的典型例子。恒转矩负载的基本特点为，在负荷一定的情况下，负载阻转矩取决于带与滚筒间的摩擦阻力和滚筒的半径。这类负载转矩和转速的快慢无关，所以在调节转速过程中，负载的阻转矩保持不变。

恒转矩负载在选择变频调速系统时，除了按常规要求外，应对变频器的控制方式进行选择。

1）负荷的调速范围。在调速范围不大的情况下，选择较为简易的 U/f 控制方式的变频器。当调速范围很大时，应考虑采用有反馈的矢量控制方式。

2）恒转矩负载只是在负荷一定的情况下负载阻转矩是不变的，但对于负荷变化时其转矩仍然随负荷变化。当转矩变动范围不大时，可选择较为简易的 U/f 控制方式的变频器，但对于转矩变动范围较大的负载，应考虑采用无反馈的矢量控制方式。

3）如果负载对机械特性的要求不高，可考虑选择较为简易的 U/f 控制方式的变频器，而在要求较高的场合，则必须采用有反馈的矢量控制方式。

从理想的角度来说，对于恒转矩类负载或有较高静态转速精度要求的机械则应采用具有转矩控制功能的高性能变频器。因为这种变频器低速转矩大，静态机械特性硬度大，不怕负载冲击，具有挖土机特性。三菱公司的 V500，艾默生公司的 TD3000，AB 公司的 PowerFlex 700 系列，安川公司的 VS G7 系列，西门子公司的 6SE70、S120 系列变频器属于此类。

（2）平方降转矩负载

风机类、泵类负载是工业现场应用最多的设备，变频器在这类负载上的应用最多。它是一种平方降转矩负载。一般情况下，具有 U/f 恒压频比控制模式的变频器基本都能满足这类负载的要求，下面根据这类变频器的主要特点介绍选型时需要注意的问题。

1）避免过载。

风机和水泵一般不容易过载，选择变频器的容量时保证其稍大于电动机的容量即可；同时选择的变频器的过载能力要求也较低，一般达到 120%、1min 即可。但在变频器功能参数选择和预置时应注意，由于负载的阻转矩与转速的平方成正比，当工作频率高于电动机的额定频率时，负载的阻转矩会超过额定转矩，使电动机过载。所以，要严格控制最高工作频率不能超过电动机额定频率。

2）起/停时变频器加速时间与减速时间的匹配。

由于风机和泵的负载转动惯量比较大，其起动和停止时与变频器的加速时间和减速时间匹配是一个非常重要的问题。在变频器选型和应用时，应根据负荷参数计算变频器的加速时间和减速时间来选择最短时间，以便在变频器起动时不发生过流跳闸和变频器减速时不发生过电压跳闸的情况。但有时在生产工艺中，对风机和泵的起动时间要求很严格，如果上述计算的时间不能满足需求时，应该对变频器进行重新设计选型。

3）避免共振。

由于变频器是通过改变电动机的电源频率来改变电动机转速实现节能效果的，就有可能在某一电动机转速下与负荷轴系的共振点、共振频率重合，造成负荷轴系不能容忍的振动，有时会造成设备停运或设备损坏，所以在变频器功能参数选择和预置时，应根据负荷轴系的共振频率，通过设定跳跃频率点和宽度，避免系统发生共振现象。

4）憋压与水锤效应。

泵类负载在实际运行过程中，容易发生憋压和水锤效应，所以变频器选型时，在功能设定时要针对这个问题进行单独设定。

憋压：泵类负载在低速运行时，由于关闭出口门使压力升高，从而造成泵汽蚀。在变频器功能设定时，通过限定变频器的最低频率来限定泵流量的临界点最低转速，可避免此类现象的发生。

水锤效应：泵类负载在突然断电时，由于泵管道中的液体重力而倒流。若逆止阀不严或没有逆止阀，将导致电动机反转，因电动机发电而使变频器发生故障或烧坏。在变频器系统设计时，应使变频器按减速曲线停止，在电动机完全停止后再断开主电路，或者设定"断电减速停止"功能，可避免该现象的发生。

（3）恒功率负载

根据变频器在基本运行频率以上的弱磁恒功率特性，可以将此应用于高速磨床等主轴电动机的传动系统中。

对于中心卷曲的负载，变频器选择应根据空卷直径和满卷直径比来选择变频器的调速范围，如卷曲金属片材时对于低速要求有高转矩输出的，必须选择具有矢量控制的变频器。

2. 根据负载的工艺特性选择变频器

正确选用变频器的类型，首先要按照生产机械的类型、调速范围、静态速度精度、起动转矩的要求，然后决定选用哪种控制方式的变频器最合适。所谓合适是既要好用又要经济，以满足工艺和生产的基本条件和要求为前提。

表 3.1 所列为不同类型变频器的主要性能与应用场合。

表 3.1 不同类型变频器的主要性能与应用场合

控制方式	U/f 开环	U/f 闭环	电压矢量	电流矢量	直接转矩
速度控制范围	<1：40	1：60	1：100	1：1000	1：100
起动转矩	150% 在 3Hz	150% 在 3Hz	150% 在 3Hz	200% 在 3Hz	200% 在 0Hz
静态速度精度	±（2~3）%	±（0.2~0.3）%	±0.2%	±0.02%	±0.2%
反馈装置	不要	PID 调节器	不要	编码器	不要
主要应用场合	一般风机、泵类	流程控制领域	一般工业设备	高精工业设备	起重机械、电梯、轧机等设备

表 3.2 所列为常见几类设备的负载特性和负载转矩特性，可供变频器选型时参考。

表 3.2　常见设备的负载特性和负载转矩特性

应用		负载特性				负载转矩特性			
		摩擦性负载	重力负载	流体负载	惯性负载	恒转矩	恒功率	降转矩	降功率
流体	离心风机、泵类			•				•	
	潜水泵			•				•	
	罗茨风机、罗茨真空泵			•		•			
	压缩机			•				•	
	齿轮泵			•		•			
	压榨机								
金属加工机床	卷板机、拔丝机	•			•	•			
	离心铸造机					•			
	机械化供应装置	•			•				
	自动车床	•				•			
	转塔车床	•							•
	车床及加工中心					•			
	磨床、钻床						•		
	刨床	•				•			•
电梯	电梯高低速、自动停车装置	•					•		
	电梯门		•			•			
输送	传送带	•				•			
	门式提升机	•				•			
	起重机升降		•				•		
	卷扬机		•				•		
	平移旋转	•				•			
	运载机				•	•			
	自动仓库上下		•			•			
	造料器、自动仓库输送	•				•			
普通	搅拌器			•		•			
	农用机械、挤压机					•			
	分离机、离心分离机				•	•			
	印刷机、食品加工机械					•			
	商业清洗机				•				•
	吹风机				•		•		
	木材加工机	•				•			•

3．变频器的容量选择

变频器的容量直接关系到变频调速系统的运行可靠性，因此，合理的容量将保证最优的投资。变频器的容量选择在实际操作中存在很多误区，这里给出了 3 种基本的容量选择方法，它们之间互为补充。

（1）从电流的角度

大多数变频器容量可从 3 个角度表述：额定电流、可用电动机功率和额定容量。其中后两项，变频器生产厂家由本国或本公司生产的标准电动机给出，或随变频器输出电压而降低，都很难确切表达变频器的能力。

变频器容量选择

选择变频器时，只有变频器的额定电流是一个反映半导体变频装置负载能力的关键。负载电流不超过变频器额定电流是选择变频器容量的基本原则。需要着重指出的是，确定变频器容量前应仔细了解设备的工艺情况及电动机参数，如潜水电泵、绕线转子电动机的额定电流要大于普通笼型异步电动机额定电流，冶金工业常用的辊道用电动机不仅额定电流大很多，同时它允许短时处于堵转工作状态，且辊道传动大多是多电动机传动，应保证在无故障状态下负载总电流均不允许超过变频器的额定电流。

（2）从效率的角度

系统效率等于变频器效率与电动机效率的乘积，只有两者都处在较高的效率下工作时，系统效率才较高。从效率角度出发，在选用变频器功率时，要注意以下几点：

1）变频器功率值与电动机功率值相当时最合适，以利变频器在高的效率值下运转。

2）在变频器的功率分级与电动机功率分级不相同时，则变频器的功率要尽可能接近电动机的功率，但应略大于电动机的功率。

3）当电动机属频繁起动、制动工作或处于重载起动且较频繁工作时，可选取大一级的变频器，以利于变频器长期、安全地运行。

4）经测试，电动机实际功率确实有富余，可以考虑选用功率小于电动机功率的变频器，但要注意瞬时峰值电流是否会造成过电流保护动作。

5）当变频器与电动机功率不相同时，则必须相应调整节能程序的设置，以利达到较高的节能效果。

变频器负载率 β 与效率 η 的关系曲线见图 3.5。

可见：当 $\beta=50\%$ 时，$\eta=94\%$；当 $\beta=100\%$ 时，$\eta=96\%$。虽然 β 增一倍，η 变化仅 2%，但对中、大功率如几百千瓦至几千千瓦电动机而言亦是可观的。系统效率等于变频器效率与电动机效率的乘积，只有两者都处在较高的效率下工作时，系统效率才较高。

（3）从计算功率的角度

对于连续运转的变频器必须同时满足以下 3 个计算公式。

1）满足负载输出：$P_{CN} \geqslant P_M / \eta$。

2）满足电动机容量：$P_{CN} \geqslant \sqrt{3} \, k U_e I_e \times 10^{-3}$。

3）满足电动机电流：$I_{CN} \geqslant k I_e$。

式中，P_{CN} 为变频器容量（单位为 kVA）；P_M 为负载要求的电动机轴输出功率

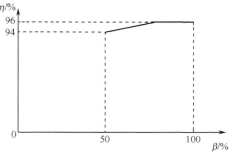
图 3.5　负载率与效率的关系曲线

（单位为 kW）；U_e 为电动机额定电压（单位为 V）；I_e 为电动机额定电流（单位为 A）；η 为电动机效率（通常约为 0.85）；k 是电流波形补偿系数（由于变频器的输出波形并不是完全的正弦波，还含有高次谐波的成分，其电流应有所增加，通常 k 为 $1.05\sim1.1$）。

4. 变频器箱体结构的选用

变频器的箱体结构要与环境条件相适应，即必须考虑温度、湿度、粉尘、酸碱度、腐蚀性气体等因素，这与能否长期、安全、可靠地运行有很大关系。常见的有下列几种结构类型可供用户选用：

1）敞开型 IP00 本身无机箱，适用装在电控箱内或电气室内的屏、盘、架上，尤其是多台变频器集中使用时，选用这种形式较好，但对环境条件要求较高。

2）封闭型 IP20 适用一般用途，可有少量粉尘或少许温度、湿度的场合。

3）密封型 IP45 适用工业现场条件较差些的环境。

4）密闭型 IP65 适用环境条件差，有水、尘及一定腐蚀性气体的场合。

3.1.3 电动机的选择

1. 工频时电动机的选择

在工频运行时，电动机的选择要注意以下几点。

（1）电动机功率的选择

1）空载运行的异步电动机，吸取的无功功率约为满载时的 60%～70%，所以应合理选择电动机的功率，避免电动机长期轻载运行。

2）电动机的额定输出功率，通常按最大负荷选定，但实际上部分电动机的输出功率是周期性变化的。

3）对于负载率低于 50% 的电动机，应按经济运行原则（即电动机总损耗最小）来选定电动机功率。

4）无论采用何种方法选定电动机功率，所选用的电动机应满足所需要的起动转矩、最大转矩和最大负载。

（2）电动机负载特性的选择

电动机的运行特性受它所拖动机械的负载特性制约。选用电动机，使电动机的机械特性和它所拖动的负载特性合理匹配，才能满足节能和安全运行的要求。例如，往复式压缩机、冲床、起重机械等要求有较大起动转矩，故常选用高转差率机械特性的电动机。

（3）电动机电压的选择

凡是供电线路短，电网容量允许，且起动转矩和过载能力要求不高的场合，以选用低压异步电动机为宜。因为低压异步电动机效率高，利于节电且检修便宜，减少一次性投资，其控制设备采用低压电器或低压变频器。如选用同功率的高压电动机，既增加了一次性投资，且效率也比低压电动机低 2% 左右。

但是对于那些供电线路长、电网容量有限、起动转矩较高或要求过载能力较大的场合，则以选用高压电动机为宜。

2. 低频运行的电动机温升和带负载能力

在决定电动机带负载能力的因素中，必须考虑到电动机在低速时的温升。

（1）低频运行时的电动机功耗

功耗是导致电动机发热的原因，当电动机的工作频率下降时，电动机内各种功耗的变化情形如下。

1）铜损不变。由于电动机的额定电流不变，故铜损无变化。

2）铁损下降。由于铁损与频率有关，当频率下降时，铁损也下降。

3）机械损耗下降。由于机械损耗与转速有关，转速下降时，机械损耗也下降。

总之，当电动机的工作频率下降时，其内部的功耗将有所下降。

（2）低频运行时的电动机散热

一般情况下，中、小容量的电动机的散热主要靠转子轴上自带的风扇和内部的通风。显然，电动机低频运行时，转速也随之下降，通风情况变差。

根据实际运行情况得出，在低频运行时电动机对于内部功耗的散热效果远低于工频，从而导致电动机温升，电动机的带负载能力也随之下降。

为了克服电动机在低频带负载能力低的弱点，必须采取强制风冷。而变频电动机是专门配备变频器使用的特殊电动机，变频电动机可在保证转矩的情况下长期低速运行，普通三相异步电动机的转速是固定的，电动机厂是根据电动机的转速设计风扇的，普通电动机如果用变频器降速运行，风扇的转速也会降低，风扇的风量就会下降，电动机温度会升高，而变频电动机是用另外加配的电风扇散热的，风扇是不受电动机转速限制的，所以变频电动机特别适合用变频器控制时的低速运行。

3. 通用的变频调速电动机

变频调速电动机一般均选择 4 级电动机，基频工作点设计在 50Hz，频率 0～50Hz（转速 0～1480r/min）范围内电动机作恒转矩运行，频率 50～100Hz（转速 1480～2800r/min）范围内电动机作恒功率运行，整个调速范围为 0～2800r/min，基本满足一般驱动设备的要求，其工作特性与直流调速电动机相同，调速平滑稳定。如果在恒转矩调速范围内要提高输出转矩，也可以选择 6 级或 8 级电动机，但电动机的体积相对要大一点。

变频器专用
电动机

由于变频调速电动机的基频（即"基本运行频率"的简称，以下皆同）设计点可以随时进行调整，可以在计算机上精确地模拟电动机在各基频点上的工作特性，由此也就扩大了电动机的恒转矩调速范围，根据电动机的实际使用工况，不仅可以在同一个机座号内把电动机的功率做得更大，也可以在使用同一台变频器的基础上将电动机的输出转矩提得更高，以满足在各种工况条件下将电动机的设计制造在最佳状态。

变频调速电动机可以另外选配附加的转速编码器，可实现高精度转速、位置控制、快速动态特性响应的优点；也可配以电动机专用的直流（或交流）制动器以实现电动机快速、有效、安全、可靠的制动性能。

变频调速电动机为三相交流同步或异步电动机，根据变频器的输出电源有三相380V 或三相 220V，所以电动机电源也有三相 380V 或三相 220V 的不同区别，一般4kW 以下的变频器才有三相 220V 电源，由于变频电动机是以电动机的基频点来划分不同的恒功率调速区和恒转矩调速区的，所以变频器基频点和变频电动机基频点的设置都非常重要。

图 3.6 所示为变频电源的 U/f 曲线和变频电动机的特性曲线。

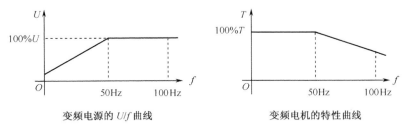

变频电源的 U/f 曲线   变频电机的特性曲线

图 3.6 变频电源的 U/f 曲线和变频电动机的特性曲线

4. 同步变频与异步变频调速电动机的区别

异步变频调速电动机是由普通异步电动机派生而来的，由于要适应变频器输出电源的特性，电动机在转子槽型、绝缘工艺、电磁设计校核等方面作了很大的改动，特别是电动机的通风散热，它在一般情况下附加了一个独立式强迫冷却风机，以适应电动机在低速运行时的高效散热和降低电动机在高速运行时的风摩耗。变频器的输出一般显示电源的输出频率，转速输出显示为电动机的极数和电源输出频率的计算值，与异步电动机的实际转速有很大区别，使用一般异步变频电动机时，由于异步电动机的转差率是由电动机的制造工艺决定，故其离散性很大，并且负载的变化直接影响电动机的转速，要精确控制电动机的转速只能采用光电编码器进行闭环控制。当单机控制时，转速的精度由编码器的脉冲数决定；当多机控制时，多台电动机的转速就无法严格同步。这是异步电动机先天所决定的。

同步变频调速电动机的转子内镶有永磁体，当电动机瞬间起动完毕后，电动机转入正常运行，定子旋转磁场带动镶有永磁体的转子进行同步运行，此时电动机的转速根据电动机的极数和电动机输入电源频率形成严格的对应关系，转速不受负载和其他因素影响。同样同步变频调速电动机也附加了一个独立式强迫冷却风机，以适应电动机在低速运行时的高效散热和降低电动机在高速运行时的风摩耗。由于电动机的转速和电源频率的严格对应关系，使得电动机的转速精度主要就取决于变频器输出电源频率的精度，控制系统简单，对一台变频器控制多台电动机实现多台电动机的转速一致，也不需要昂贵的光学编码器进行闭环控制。

国内的 TYP 变频调速永磁同步电动机具有如下三大优点。

1）高效节能。与异步变频调速电动机相比，高效节能。同规格相比，该系列电动机效率比异步变频电动机效率高 3％～10％。以 1.5kW 为例，两者效率差近 7％。

2）可精确调速。与异步变频系统相比，无需编码器即可进行准确的速度控制。

3）高功率因数。既可减少无功能量的消耗，又能降低变压器的容量。

5. 其他特殊电动机

除了以上所讲的普通笼型异步电动机和永磁同步电动机外，还有很多类型的特殊电动机在使用，这些电动机是否可以直接接变频器呢？

（1）防爆电动机

在有爆炸性气体、爆炸性粉尘的环境下，多采用防爆电动机。由于变频调速具有优越的节能潜力，因此变频调速在防爆电动机的应用也已进入实践阶段。全国防爆电气设备标准化技术委员会防爆电动机标准化分技术委员会已制定了 YBBT 系列隔爆型变频调速三相异步电动机的标准。国内领先的防爆制造商辽宁北方防爆电器制造有限公司已推出外壳材质为铸铝合金的 BDT 防爆电动机调速变频系统，它可以控制电动机功率为 4～70kW，输出电压为 0～380V，输出电源频率为 2.4～180Hz，其防护等级为 IP54 或 IP65，防爆标志为 dⅡBT4。

（2）单相电动机

单相电动机的绕组不同于三相电动机，其主、副绕组多为不对称绕组，且副绕组通常串联了运转电容，因此通常意义上的变频器并不能直接接上去。但不是说，单相电动机就不能进行变频调速。事实上，国内、外的变频理论研究已经表明，单相电动机也能通过不同的拓扑结构（半桥或全桥）对逆变回路输出 SPWM 波或 SVPWM 波，从而控制电动机的转速。

（3）刹车电动机

刹车电动机尾部安装有电磁刹车，主要用于实现断电急停或精确定位等功能，如卷扬机、卷放机、升降装置等设备都配备有刹车电动机。刹车电动机有两个特点：当不给电动机速度命令时，要求运转中的电动机急速停车；或者要求只要不收到速度指令，电动机就始终保持在停止状态中。

刹车电动机都可以选用变频器，但是必须注意以下事项：

1）由于刹车电动机本身工作要求要快速制动，因此，要求选配的变频器也需要有制动单元和制动电阻。

2）在低于 30Hz 运行时，有时会因制动圆盘的松动发出声音，但对于确定位置停止等短时低速运转并无妨碍，可以正常工作。

3）刹车盘动作和变频器的动作必须进行配合，并等确认后再进行下一工序动作。

（4）绕线式电动机

绕线式电动机基本都可以选配变频器作为调速工具的一种，在使用中应该注意以下问题。

1）绕线式电动机的变频器大多可以利用原来的电动机。在使用变频调速时，可以将绕线式异步电动机的转子回路短路，去掉电刷和起动器，转子内阻较小，是一种高效的笼型异步电动机。由于电动机输出时的温度上升问题，所以应该降低容量

10％以上。

2）绕线式电动机与通用的笼型电动机相比，阻抗小，因此容易发生谐波电流引起的过电流跳闸，所以应选择比通常容量稍大的变频器。

3）由绕线式电动机变速的机械负载，通常惯量都比较大，因此设定的加、减速时间必须能够满足设备的起动和停止要求。

（5）变极电动机

变极电动机为2～8极变速，改接引线即可完成。采用变频器运转后，可以在要求更广的调速范围内使用。变极电动机选择变频器时有以下几个要点。

1）切换极数一定要在电动机完全停止后进行。如果在旋转中切换，切换时将流过很大电流，变频器过流保护动作使电动机处于自由停车状态，不能继续运转。

2）要注意变频器的选择。变极电动机的基座号比一般电动机大，电流也大，所以需要容量大一级或数级的变频器。

3）要注意使用频率段范围。在工频电源下使用的变极电动机改为变频器传动时，对转动部分的强度、轴承寿命等有限制。特别要注意在工频以上极高转速的旋转。

3.1.4　变频调速系统的应用

针对变频调速系统的应用，本章将从以下3个方面来对此进行阐述。

1. 以转速为控制对象的变频调速系统应用

在很多变频调速系统中，尽管最终控制的量为流量、张力、压力等工艺参数，但本质上都是以负载的转速作为控制对象。而在很多生产线中，转速则为直接控制，如造纸生产线、轧钢生产线、纺织后处理线等。

2. 以工艺参数为控制对象的变频调速系统应用

与一般的以转速为控制对象的变频系统不同，涉及流体工艺的变频系统通常都是以流量、压力、温度、液位等工艺参数为控制量，实现恒量或变量控制，这就需要变频器工作于PID方式下，按照工艺参数的变化趋势来调节泵或风机的转速。

3. 涉及通信的变频调速系统应用

在多电动机控制设备中，经常要用变频器去控制交流电动机的转速和方向，此时就可以采用一台工控机或PLC或DCS等进行灵活、高效、快速的通信控制。

3.2　转速控制应用

3.2.1　转速控制的基本概念

变频器的速度控制应用非常广泛，一般而言，转速设计需要考虑以下几方面的内容：负载特性、速度特性、转矩特性、工艺特性、电磁兼容特性等。

1. 速度控制范围和精度

根据具体的工艺条件和机械设备，在以转速为控制对象的变频调速系统中，必须选择速度控制范围符合要求的变频器及变频器的控制方式。速度控制范围有以下几种表示方式：以转速范围表示或变速比率表示，前者如 $175\sim1750 r/min$ 或 $5\sim60 Hz$，后者如 $1:10$；或者以百分比表示，如 5%。

在转速控制方式下，可以根据表 3.1 给出的变频器转速控制精度来选择不同类型的变频器及其参数设置。

2. 避开特定的不安全速度

电动机转动时，转矩的脉动频率与负载和电动机构成的系统固有振动频率一致时，会发生系统共振，共振状态的出现将破坏传动系统的正常运转，甚至将造成系统的破坏性损坏。每台设备都有一个固有振荡频率，它取决于设备本身的结构。由于变频器是通过改变电动机的工作频率来改变电动机转速进行工作的，这就有可能在某一电动机转速下与负荷轴系的共振点、共振频率重合，造成负荷轴系因发生谐振而变得十分强烈以及不能容忍的振动，有时会造成设备停运或设备损坏，因此必须根据负荷轴系（或生产设备）的共振频率，通过共振预防，来避免系统发生此类现象。

为了预防谐振和共振，变频器都设置有跳跃频率，其目的就是使电动机拖动系统回避掉可能引起谐振的转速，或者说让变频器的输出频率跳过该频率区域。变频器的设定频率按照图 3.7 中的方式可以在某些频率点做跳跃运行，一般可以定义 3 个跳跃频率及每一个跳跃范围，如跳跃频率 f_1、f_2、f_3 及跳跃范围 1、跳跃范围 2、跳跃范围 3。从图 3.7 中可以看出，对共振点的处理变频器是采取滞回曲线的方式进行频率升降的。

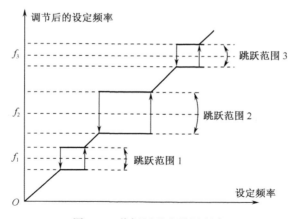

图 3.7　共振回避和跳跃频率

对于共振预防必须引起足够的重视，尤其是在改造设备的过程中，在某些频率点出现机械共振，其原因是原来设备只是在 $50 Hz$ 工频下运行，使用变频调速后，其频率则在 0～50Hz 之间无级变化，因此在某些频率点上会造成机械共振。

3. 低速情况的考虑

对于电动机的自冷方式情况下（采用普通电动机），转速下降则电动机冷却能力降低。因此对于平方降转矩负载的设备如离心风机和离心泵，如对低速运行无要求时可以设置一个最低运行频率。正常运行时负载在最低频率与最高频率之间变化，如长时间位于最低频率时，则可以考虑采用变频器特有的休眠唤醒功能，尤其对于空调风机和供水泵在夜间小（或零）流量时，休眠唤醒功能不仅考虑了低速冷却效果，还能充分节能。

对于恒转矩负载，如需要在全频段范围（零速到最高速）内运行的，就必须考虑低速冷却方式，必要时采用变频专用电动机；如只需要在一个相对较窄的频率范围内运行时，则可以设置最低运行频率，避免在零速和最低频率内长时间运行，否则低速区的电动机冷却能力将大大低于运转生热能力（电动机功耗引起），将导致电动机损坏或故障。当然，在低速区的短时运行都是允许的，如零速起动加速阶段和低速点动功能。

在电动机低速运行时，还必须考虑轴承的润滑效果。如滚动轴承和强制进油的滑动轴承在低速运行时，在自给油限度以下时，应采用其他强制油润滑方式。

3.2.2 开环转速控制

没有将实际转速的测量值转换成电信号回馈给变频器的控制输入部分，则转速的控制没有构成一个完整的环，是开环运行。即使在无速度传感器矢量控制方式下，虽然有速度调节器 ASR，但由于电动机的实际转速是通过估算而得，转速环仍不是完整的，依然是开环控制。

对不太要求快速响应的传动系统，常用开环控制。如风机、泵类采用非常灵敏的快速调速，似乎意义不大，这类负载一般都采用最简单的开环 U/f 恒压频控制；如食品包装机械的输送传动，要求在输送不同材料时都能保持速度稳定，但又对响应不要求到极高的程度，这时就可以使用无速度传感器矢量控制，自动修正频率，以达到负载变动时电动机转速稳定的效果。

在开环速度控制中，输入信号单纯由频率给定指令构成，然后按照不同的控制方式如 U/f 恒压频比、无速度传感器矢量控制或者直接转矩控制 DTC 去驱动电动机，在负载转矩与电动机转矩平衡的情况下形成稳定转速。

对于 U/f 恒压频比控制方式而言，合理设置 U/f 是开环稳定控制的关键。以三菱 A700 为例，它可以设置 6 段 U/f 曲线，如图 3.8 所示。

而对于无传感器矢量控制方式来说，电动机的调谐则是速度精度的可靠保证。

由于电动机磁通模型的建立必须依赖于电动机参数，因此选择无速度传感器矢量控制时，第一次运行前必须首先对电动机进行参数的调谐整定。目前新型矢量控制通用变频器中已经具备异步电动机参数自动调谐、自适应功能，带有这种功能的通用变频器在驱动异步电动机进行正常运转之前，可以自动地对异步电动

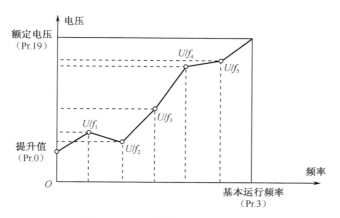

图 3.8　开环控制下的 U/f 曲线

机的参数进行调谐后存储在相应的参数组中，并根据调谐结果调整控制算法中的有关数值。

　　自动调谐（因在电动机旋转情况下进行，又称旋转式调谐）的步骤一般是这样的：首先在变频器参数中输入需要调谐的电动机的基本参数，包括电动机的类型（异步电动机或同步电动机）、电动机的额定功率（单位是 kW）、电动机的额定电流（单位是 A）、电动机的额定频率（单位是 Hz）、电动机的额定转速（单位转/分）；然后将电动机与机械设备分开，电动机作为单体；接着用变频器的操作面板指令操作，变频器的控制程序就会一边根据内部预先设定的运行程序自动运转，一边测定一次电压和一次电流，然后计算出电动机的各项参数。但在电动机与机械设备难以分开的场合却很不方便，此时可采用静止式调谐整定的方法，即将固定在任一相位、仅改变振幅而不产生旋转的三相交流电压施加于电动机上，电动机不旋转，由此时的电压、电流波形按电动机等值回路对各项参数进行运算，便能高精度测定控制上必需的电动机参数。在静止式调谐中，用原来方法无法测定的漏电流也能测定，控制性能进一步提高。利用静止式调谐技术，可对于机械设备组合一起的电动机自动调谐、自动测定控制上所需的各项常数，因而显著提高了通用变频器使用的方便性。

　　从图 3.9 的异步电动机的 T 型等效电路表示中可以看出，电动机除了常规的参数如电动机极数、额定功率、额定电流外，还有 R_1（定子电阻）、X_{11}（定子漏感抗）、R_2（转子电阻）、X_{21}（转子漏感抗）、X_m（互感抗）和 I_0（空载电流）。

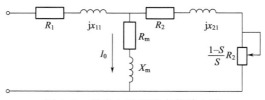

图 3.9　异步电动机稳态等效电路

以三菱 A700 矢量变频器对某 4 极 7.5kW 国产 Y 系列电动机的调谐为例进行说明。

1. 跟离线自动调整有关系的参数

在变频器对电动机进行参数辨识前，必须输入如表 3.3 所示的 4 个参数，包括适用电动机类型、额定电压、额定频率以及自动调整设定状态。

表 3.3　跟离线自动调整有关系的参数

参数代码	名称	初始值	设定范围	内容
Pr.71	适用电动机	0	0～8，13～18，20，23，24，33，34，40，43，44，50，53，54	通过选择标准电动机和恒转矩电动机，将分别确定不同的电动机热特性和电动机常数
Pr.83	电动机额定电压	400V	0～1000V	设定电动机额定电压（V）
Pr.84	电动机额定频率	50Hz	10～120Hz	设定电动机额定频率（Hz）
Pr.96	自动调整设定状态	0	0	不实施离线自动调整
			1	离线自动调整时电动机不运转
			101	离线自动调整时电动机运转

其中，参数 Pr.71 必须根据表 3.4 所示进行选择。

表 3.4　参数 Pr.71 的选择

所使用的电动机		Pr.71 的设定值
三菱标准电动机 三菱高效率电动机	SF-JR，SF-TH	3
	SF-JR　4P　1.5kW 以下	23
	SF-HR	43
	其他	3
三菱恒转矩电动机	SF-JRCA，SF-TH（恒转矩）	13
	SF-HRCA	53
	其他（SF-JRC 等）	13
矢量控制专用电动机	SF-V5RU SF-THY	33
其他公司制造的标准电动机	—	3
其他公司制造的恒转矩电动机	—	13

显然，对于挤出机设备而言，其电动机基本都是 Y、Y2 或 YVP 等系列国产电动机，因此选择为"其他公司制造的标准电动机"或"其他公司制造的恒转矩电动机"，即 Pr.71＝3 或 13。

2. 准备工作

在执行离线自动调整之前，请进行以下确认：

1）对电动机的参数进行设定（Pr.80 和 Pr.81）。

2) 对变频器的运行方式进行设定（Pr.800）。

3) 连接好电动机，并确保在开始调整时电动机处于停止状态。

按照电动机容量与变频器容量相同或是电动机容量比变频器容量小一级的组合进行运行，但是电动机容量至少应为 0.4kW 以上。

对于 55kW 以下的变频器，如果在变频器和电动机间连接了浪涌电压抑制滤波器（FR-ASF-H）的状态下；或者对于 75kW 以上的变频器，如果在变频器和电动机间连接了正弦波滤波器（MT-BSL/BSC）的状态下，执行离线自动调整时将无法正确调谐。此时，需要拆除这些滤波器后再执行调整操作。

4) 根据离线调整方式，确保电动机与负载的连接方式不影响到离线自动调整。

在电动机不运转的离线自动调整（Pr.96 自动调整设定/状态＝"1"）方式下，电动机可能会发生极微小的运动，需要通过机械制动器加以可靠的固定，或确认即使电动机转动在安全方面也不存在问题后再进行调谐（特别是用于升降机时，尤其要加以注意）。同时，电动机轻微转动不会影响调谐性能。

选择了电动机运转的离线自动调整（Pr.96 自动调整设定/状态＝"101"）时，应注意：调谐过程中转矩不充分的情况会发生，即使运转至电动机额定速度附近也不会发生设备安全问题，制动器已放开，不能在受到外力的情况下运转。

3. 执行调整

1) 设置变频器运行方式为 PU，按下操作面板 (FWD)/(REV)；外部运行时请将起动指令（STF 信号或 STR 信号）设为 ON，开始调谐操作。

2) 以 Pr.96 自动调整设定/状态＝"101"为例进行调整，通过操作面板可以观察到，如图 3.10 所示。

Pr.96自动调整设定/状态	操作面板(FR-DU07)显示
Pr.96设定值	101
(1)设定	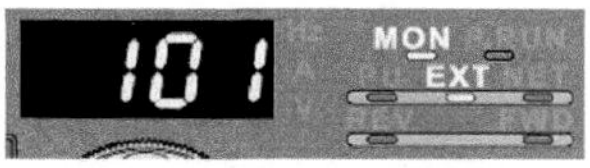 **101** MON EXT
(2)调整中	 **102** MON EXT FWD
(3)正常结束	 **103** MON EXT FWD（闪烁）
(4)异常结束(变频器保护功能动作时)	 **9** MON EXT FWD

图 3.10　自动调整

3）离线自动调整的时间根据参数选择不同会有所变化，具体如表 3.5 所示。

表 3.5　离线自动调整的时间

离线自动调整设定	时间
电动机不运转模式 （Pr.96="1"）	25～120s （变频器容量和电动机的种类不同,时间也不相同）
电动机运转模式 （Pr.96="101"）	约40s （根据加减速时间的设定,离线自动调整时间＝加速时间＋减速时间＋约30s）

4）在离线自动调整完成后，如为 PU 运行时，请按下操作面板的 ⏹ ；如为外部运行时，请将起动信号（STF 信号或 STR 信号）设为 OFF。实施此操作后，离线自动调整被解除，PU 的监视器显示将恢复为正常显示。

5）调谐完成后请勿变更 Pr.96 的设定值（3 或 103）。如果用户变更了 Pr.96 的设定值时，调谐数据将无效，如果还是希望在运行无传感器矢量控制方式下，需要再次进行调谐。

6）离线自动调整如果异常结束（表 3.6），电动机参数未得到设定，需要在变频器复位后，重新进行调谐操作。

表 3.6　异常结束错误代码

错误显示	错误原因	处理方法
8	强制结束	重新设定 Pr.96＝"1 或 101"
9	变频器保护功能动作	再次重新进行设定
91	电流限制（失速防止）功能动作	延长加减速时间 设计 Pr.156＝"1"
92	变流器输出电压为额定值的 75%	确认电源电压的变动
93	计算错误、忘记连接电动机	确认电动机的配线，再次重新进行设定

在调谐过程中将起动信号（STF 信号或 STR 信号）设为 OFF，强制结束调谐时，离线自动调谐未能正常结束，也就是说电动机参数未得到设定，这时候需要在变频器复位后重新进行调整操作。

3.2.3　高精度速度控制的实现方法

高精度的速度控制往往能够体现速度的精度和稳定性，其典型应用如造纸机的传动，精度控制在 ±0.01%～±0.05%，其他如胶卷和钢铁生产线也要求精度在 ±0.02%～±0.1%。

通常作为表示精度的数值，是以额定频率或额定转速为基准，将误差用百分比表示出来。对于一般的变频器，要求精度大多为 ±0.5%。这一数值，对于开环控制的机型为频率精度，对于闭环控制的机型为速度精度。对于同步电动机，只要频率高就可以实现高精度的速度控制；而对于异步电动机，由于存在转差，要获得高精度的速度，必须采用闭环控制。图 3.11 所示为可以实现高精度控制的速度闭环系统原理。

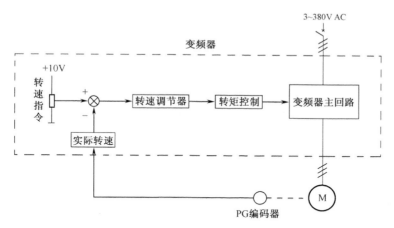

图 3.11 速度控制系统的构成原理

为了保证系统的高速度精度，应充分考虑变频器的下述几种误差：速度给定误差、速度反馈误差、速度控制器误差及定常偏差。其中前 3 种误差对于使用模拟器件的控制电路来说，是由放大器等的偏置、漂移所引起的，模拟电路的误差受周围温度影响大，所以要保证精度常常要附加温度范围条件。而对于数字控制电路，这些误差决定于数字化信息的分辨能力。一般情况下，数字控制方式也要规定温度范围。第四种定常偏差，是因负载转矩等外界干扰的变化在速度上引起的误差，此种误差在速度调节器的低频增益低时产生，通常速度调节器含有积分电路，能确保高的低频增益，所以这种偏差较易克服。

安装 FR-A7AP 并通过与带 PLG 的电动机组合使用，可以实现闭环矢量控制运行，可以实现高响应、高精度的速度控制（零速控制和伺服锁定）、转矩控制、位置控制。

闭环矢量控制主要适用于以下用途：

1）在负荷变动较大的情况下想要使速度变动控制在最小范围内。

2）需要低速大转矩时。

3）防止转矩过大导致机械破损（转矩限制）。

4）想要实施转矩控制、位置控制。

5）在电动机轴停止状态下产生转矩的伺服锁定控制。

通过矢量控制实时推测电动机运行时的转矩指令与由旋转速度对电动机的负荷惯性比（负荷惯性力矩），同时由负荷惯性比和应答性自动设定速度控制、位置控制的最合适的增益，减轻了增益调整的时间。由于负荷惯性较大，或存在齿轮间隙等发生了振动、噪声等不良现象时，或是想让机械发挥出最佳的性能时，可以通过手工输入来进行增益调整。

闭环矢量速度控制的过程如图 3.12 所示。

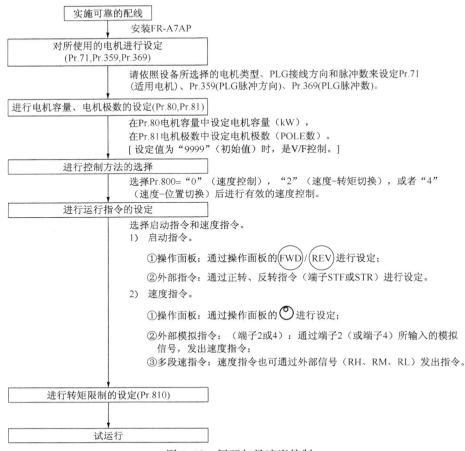

图 3.12　闭环矢量速度控制

为了达到高精度的速度控制，必须实施离线自动调整（Pr.96），选择在线自动调整（Pr.95），以及进行简单的增益调整，或者通过手工输入来进行速度控制增益调整。

3.3　PID 控制应用

3.3.1　PID 控制的形式

与一般的以转速为控制对象的变频系统不同，涉及流体工艺的变频系统通常都是以流量、压力、温度、液位等工艺参数为控制量，实现恒量或变量控制，这就需要变频器工作于 PID 方式下，按照工艺参数的变化趋势来调节泵或风机的转速。

在大多数的流体工艺或流体设备的电气系统设计中，PID 控制算法是设计人员常常采用的恒压控制算法。常见的 PID 控制器控制形式主要有 3 种：硬件型，通用 PID 温控器；软件型，使用离散形式的 PID 控制算法在可编程序控制器上做 PID 控制器；使用变频器内置 PID 控制功能，相对前两者来说，这种叫内置型。这 3 种控制器形式各具特点，但采用什么形式的 PID 控制器对控制性能和生产成本具有一定的影响，这是值得设计人员考虑的。这里将探讨这 3 种控制器形式的应用、优劣以及调试过程中的要点。

1. PID 控制器

现在的 PID 温控器多为数字型控制器，具有位控方式、数字 PID 控制方式及模糊控制方式，有的还具有自整定功能，如富士 PWX 系列温控器、欧陆 800 系列温控器就属此类型。此类温控器的输入输出类型都可通过设置参数来改变，考虑到抗干扰性，一般将输入输出类型都设定为 4～20mA 电流类型。图 3.13 所示为以 PID 温控器调节器构成的闭环压力调节系统，压力的给定值由 PID 温控

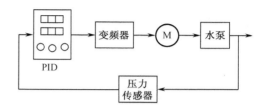

图 3.13　PID 温控器控制系统框图

器的面板设定，压力传感器将实际的压力变换为 4～20mA 的压力反馈信号，并送入 PID 温控器的输入端；PID 温控器将输入的模拟电流信号经数字滤波、A/D 转换后变为数字信号，一方面作为实际压力值显示在面板上，另一方面与给定值作差值运算；偏差值经数字 PID 运算器运算后输出一个数字结果，其结果又经 D/A 转换后，在 PID 温控器的输出端输出 4～20mA 的电流信号去调节变频器的频率，变频器再驱动水泵电动机，使压力上升。当给定值大于实际压力值时，PID 温控器输出最大值 20mA，压力迅速上升，当给定值刚小于实际压力值时，PID 温控器输出开始退出饱和状态，输出值减小，压力超调后也逐渐下降，最后压力稳定在设定值处，变频器频率也稳定在某个频率附近。

这种 PID 控制形式的主要优点有操作简单、功能强大、动态调节性能好，适用于选用的变频器性能不是很高的应用场合，同时控制器还具有传感器断线和故障自动检测功能。缺点是 PID 调节过于频繁、稳态性能稍差、布线工作量多。调试注意要点：P 参数值不宜太大，一般为 0.5～1；I 参数和 D 参数的比值大约为 4，I 参数的值一般为 6～16s；由于 PID 温控器的响应快，为了防止调整过程中压力波动过大，变频器的上升和下降时间应调大些，推荐 I 参数值为 30～80s；设定 PID 温控器的显示标尺斜率，校正压力显示值；设定适当的数字滤波时间，抑制干扰信号的输入。

2. 软件型 PID

喜欢使用 PLC 指令编程的设计者通常自己动手编写 PID 算法程序，这样可以充分利用 PLC 的功能。在连续控制系统中，模拟 PID 的控制规律形式为

$$u(t) = K_{\mathrm{p}} \left[e(t) + \frac{1}{T_{\mathrm{I}}} \int e(t)\mathrm{d}t + T_{\mathrm{D}} \frac{\mathrm{d}e(t)}{\mathrm{d}t} \right] \tag{3-4}$$

式中，$e(t)$ 为偏差输入函数；$u(t)$ 为调节器输出函数；K_{p} 为比例系数；T_{I} 为积分时间常数；T_{D} 为微分时间常数。

由于式（3-4）为模拟量表达式，而 PLC 程序只能处理离散数字量，为此，必须将连续形式的微分方程化成离散形式的差分方程。式（3-4）经离散化后的差分方程为

$$u(k)=K_{\mathrm{p}}\left[e(k)+\frac{1}{T_{\mathrm{I}}}\sum_{i=0}^{k}Te(k-i)+T_{\mathrm{D}}\frac{e(k)-e(k-1)}{T}\right] \tag{3-5}$$

式中，T 为采样周期；k 为采样序号，$k=0$，1，2，$\cdots$，i，$\cdots$，k；$u(k)$ 为采样时刻 k 时的输出值；$e(k)$ 为采样时刻 k 时的偏差值；$e(k-1)$ 为采样时刻 $k-1$ 时的偏差值。

为了减小计算量和节省内存开销，将式（3-5）化为递推关系式形式：

$$
\begin{aligned}
u(k)&=u(k-1)+K_{\mathrm{p}}\left(1+\frac{T}{T_{\mathrm{I}}}+\frac{T_{\mathrm{D}}}{T}\right)e(k)-K_{\mathrm{p}}\left(1+\frac{2T_{\mathrm{D}}}{T}\right)e(k-1)+K_{\mathrm{p}}\frac{T_{\mathrm{D}}}{T}e(k-2)\\
&=u(k-1)+r_{0e}(k)-r_{0e}(k-1)+r_{2e}(k-2)\\
&=u(k-1)-r_{0}f(k)+r_{1}f(k-1)-r_{2}f(k-2)+S_{\mathrm{p}}(r_{0}-r_{1}+r_{2}) \tag{3-6}
\end{aligned}
$$

式中，$f(k)$ 为采样时刻 k 时的反馈值；$f(k-1)$ 为采样时刻 $k-1$ 时的反馈值；$f(k-2)$ 为采样时刻 $k-2$ 时的反馈值。至此式（3-6）已可以用作编程算法使用了，如图 3.14 所示，建议采用 1s 的时间定时中断程序来做 PID 程序。式（3-6）中的常数项可在参数输入后调用一个子程序来计算，这样可以避免每个扫描周期都计算一次常数项。

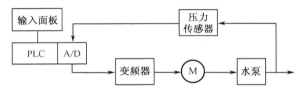

图 3.14　软件型 PID 控制系统框图

可采用与 PLC 直接连接的文本显示器或触摸面板输入参数和显示参数，如西门子的 TD400C、KTP178 等。

使用式（3-6）编写 PID 程序，需 4 次乘法、2 次加法、2 次减法计算以及多个 MOV 指令，因此显得很繁琐。实际应用中，取消 P、D 控制，保留 I 控制，也能很好地满足实际要求，所以控制关系式可写成

$$u(k)=u(k-1)+\Delta u \tag{3-7}$$

式中，Δu 为积分增量。

显然式（3-7）简单得多，积分增量可根据实际需要来确定。当压力未达到设定值，增量为正；当压力超调后，增量为负。采用式（3-7）来控制压力，也存在一些问题：Δu 设置过大，则稳态时压力误差大；Δu 设置太小，则调整时间太长。如果结合模糊控制的思想，就能较好地改良控制性能。控制思想如下：当实际压力小于设定值的 90% 时，PLC 输出最大值信号，使变频器以 50Hz 运行，从而压力迅速上升；当实际压力不小于设定值的 90% 时，PLC 输出一个经验值，然后才调用增量控制中断程序。经验值可事先设定，等压力稳定后，再将稳定后的控制输出值替换原预设经验值。

这种形式的 PID 控制器优点是控制性能好，柔性好，在调节结束后，压力十分稳定，信

号受干扰小，调试简单，接线工作量少，可靠性高。不足是编程工作量增加，需增加硬件成本。调试时要尽量设置短的变频器的上升时间和下降时间。在编程设计中必须防止计算结果值溢出，造成控制失控，而且还要编写校正传感器零点和判断其是否正常的功能程序。

3. 变频器内置 PID

PID 调节是过程控制中应用得十分普遍的一种控制方式，它是使控制系统的被控物理量能够迅速而准确地无限接近于控制目标的基本手段，在恒压供水中更是如此。正由于 PID 功能用途广泛、使用灵活，使得现在变频器的功能大都集成了 PID，简称"内置 PID"，使用中只需设定三个参数（K_p、T_i 和 T_d）即可。

PID 控制

变频器的内置 PID 控制原理如图 3.15（a）所示。

在很多情况下，并不一定需要全部比例、积分和微分三个单元，可以取其中的一至两个单元，但比例控制单元是必不可少的。在恒压供水控制中，因为被控压力量不属于大惯量滞后缓解，因此只需 PI 功能，D 功能可以基本不用。

要使变频器内置 PID 闭环正常运行，必须首先选择 PID 闭环选择功能有效，同时至少有两种控制信号：给定量，它是与被控物理量的控制目标对应的信号；反馈量，它是通过现场传感器测量的与被控物理量的实际值对应的信号。图 3.15（b）所示就是通用变频器恒压供水控制原理图。

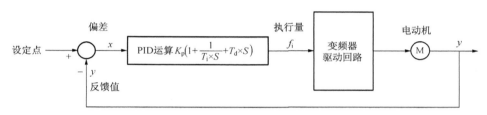

K_p: 比例常数　　　T_i: 积分时间　　　S: 演算子　　　T_d: 微分时间

(a) 变频器内置PID控制原理

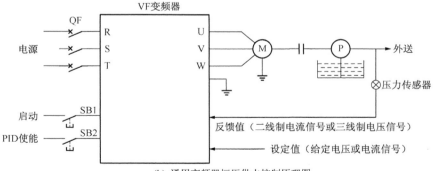

(b) 通用变频器恒压供水控制原理图

图 3.15　变频器内置 PID

PID 调节功能将随时对给定量和反馈量进行比较，以判断是否已经达到预定的控制目的。具体地说，它将根据两者的差值，利用比例 P、积分 I、微分 D 的手段对被控物理量进行调整，直至反馈量和给定量基本相等，达到预定的控制目标为止。

4. 总结

当然，实际应用还有其他形式的控制器，只不过这 3 种形式的 PID 控制器较常用而已。对于初入门的设计者来说，采用第 1 种形式较佳，因为 PID 控制器操作方便、简单易懂，通过实时调整，了解 PID 参数的作用，可较快地掌握 PID 控制的原理。对于有经验的设计者来说，采用第 2 种形式最好，因为利用 PLC 的指令可以编出功能强大的控制器并能优化 PLC 控制程序。对于考虑成本的设计者来说，采用第 3 种形式的图 3.18 所示的应用方案最佳，既充分利用了变频器的功能，又节省了高成本的 PID 控制器，而且控制效果也不错，不失为一种好方案。

3.3.2 各种流体工艺的变频 PID 控制

1. 流量控制

比较温度、压力、流量和液位这 4 种最常见的过程变量，流量或许是其中最容易控制的过程变量。由于连续过程中物料的流动贯穿于整个生产过程，泵的主要作用是输送液体，风机的主要作用是输送气体，所以流量回路是最多的。

在流体力学上，泵与风机在许多方面的特性及数学、物理描述是一样或类似的。如出口侧压力 P 与流量 Q 的压力-流量特性（即 $P\text{-}Q$ 特性曲线）是一致的。流体流过热交换器、管道、阀门、过滤器时会产生压力的损耗，人们通常将由此产生的压力损耗之和与流量的关系曲线叫流体机械阻抗曲线。因此，当压力-流量的 $P\text{-}Q$ 特性曲线与阻抗曲线产生交点时，就基本确定了流体的流量。通常对流量回路的控制手段是改变压力-流量的 $P\text{-}Q$ 特性曲线或者改变流体机械的阻抗曲线。

流量控制具有以下特点：风机、泵类负载一般情况下其转矩都与转速平方成正比，所以也把它们称为具有平方转矩特性的负载。流量控制中，对于起动、停止、加减速控制的定量化分析是非常重要的。因为在这些过程中，电动机与机械都处在一个非稳定的运行过程，这一过程将直接影响流量控制的好坏。在暂态过程中，风机的惯量一般是传动电动机的 10～50 倍，而泵的惯量则只有传动电动机的 20%～80%。同时，起动、停止、加减速中，加减速时间也是一个重要指标。

对于流量控制的变频器必须考虑到以下几个方面。

（1）瞬停的处理环节

如果出现电源侧的瞬时停电并瞬间又恢复供电，使变频器保护跳闸，电动机负载进入惯性运转阶段，如果上电再起动时，因风机类负载会仍处于转动状态，为此必须设置变频器为转速跟踪起动功能，以先辨识电动机的运转方向后再起动。

同时，对于有些负载，还可以设置瞬停不停功能，以保证生产的连续性。

（2）无流量保护

对有实际扬程的供水系统，当电动机的转速下降时，泵的出口压比实际扬程低，就进入无流量状态（无供水状态），水泵在此状态下工作，温度会持续上升导致泵体损坏。

因此，要选择无流量状态的检测和保护环节，并设置变频器最低运行频率。

（3）起动连锁环节

变频器从低频起动，如果电动机在旋转时，便进入再生制动状态，会出现变频器过压保护。因此需设定电动机停止后再起动的连锁环节。另外，水泵停转后，由于水流的作用会反向缓慢旋转，此时起动变频器也会造成故障，只有安装单向阀才能解决这个问题。

2. 压力控制

压力也是一个非常重要的过程变量，它直接影响沸腾、化学反应、蒸馏、挤压成型、真空及空气流动等物理和化学过程。压力控制不好就可能引起生产安全、产品质量和产量等一系列问题。密封容器的压力过高还会引起爆炸。因此，将压力控制在安全范围内就显得极其重要。

压力控制的变频系统与流量控制的变频系统有非常相近的地方，所以变频控制可以基本参照流量控制。

3. 温度控制

温度是一个非常重要的过程变量，因为它直接影响燃烧、化学反应、发酵、烘烤、煅烧、蒸馏、浓度、挤压成形、结晶以及空气流动等物理和化学过程。温度控制不好就可能引起生产安全、产品质量和产量等一系列问题。尽管温度控制很重要，但是要控制好温度常常会遇到意想不到的困难。

图 3.16 所示为变频器温度控制示意图。该系统的温度检测元件为 K 型热电偶，送入到微机温控仪 M900，与预先输入温控器的温度给定值进行比较，得出偏差值，再经运算后，输出带有连续 PID 调节规律的 4～20mA 电流信号，送入到变频器的模拟量输入端。变频器的参数设置应该包括上下限频率、4mA 对应的频率、20mA 对应的频率和加减速时间等。

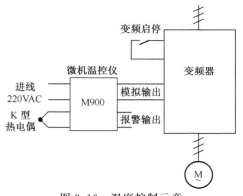

图 3.16　温度控制示意

对于变频器温度控制系统必须注意以下几点：

1）由于温控过程缓慢，很多变频器内置 PI 控制并不适用，建议选用外置的温控器。

2）在温度控制中，很多风机的惯量比较大，因此选择变频器功能时，需注意转速跟踪功能和起动连锁条件。

3）温控系统的变频器运转范围较宽，因此要防止在特定转速下的机械共振现象，可以在试运转中进行这一内容的分析，如果发生可以采取调整跳跃频率或者加装辅助机械装置将固有频率移出工作区。

4）温度传感器的安装位置直接关系到温控变频系统的稳定性，因此必须安装在最佳位置，以达到系统的最优控制。

4. 其他工艺参数

在生产制造过程中，还涉及液位变量、pH 等工艺参数，变频控制 PID 系统的组成基本上也可以参考以上 3 种方式。

3.3.3 三菱变频器 A700 的 PID 控制应用实例

1. PID 相关参数设置

表 3.7 所列为三菱 A700 变频器常用的 PID 相关参数，它主要包括 PID 调节参数和 PID 通道参数。A700 的 PID 主要用流量、风量、压力、温度等工艺控制，由端子2 输入信号或参数设定值作为目标，端子 4 输入信号作为反馈量组成 PID 控制的反馈系统。

表 3.7　三菱 A700 变频器常用的 PID 相关参数

参数号	名称	初始值	设定范围	内容
127	PID 控制自动切换频率	9999	0～400Hz	设定自动切换到 PID 控制的频率
			9999	无 PID 控制自动切换功能
128	PID 动作选择	10	10	PID 负作用 偏差量信号输入（端子 1）
			11	PID 正作用
			20	PID 负作用 测定值（端子 4）
			21	PID 正作用 目标值（端子 2 或 Pr.133）
			50	PID 负作用 偏差值信号输入
			51	PID 正作用 （LONWORKS，CC-Link 通信）
			60	PID 负作用 测定值，目标值输入
			61	PID 正作用 （LONWORKS，CC-Link 通信）
129	PID 比例带	100%	0.1%～1000%	如果比例常数范围较窄（参数设定值较小），反馈量的微小变化会引起执行量的很大改变。因此，随着比例范围变窄，响应的灵敏性（增益）得到改善，但稳定性变差，例如发生振荡 增益 $K_p=1/$比例常数
			9999	无比例控制
130	PID 积分时间	1s	0.1～3600s	在偏差步进输入时，仅在积分（I）动作中得到与比例（P）动作相同的操作量所需要的时间（T_i）。随着积分时间的减少，到达设定值就越快，但也容易发生振荡
			9999	无积分控制

参数号	名称	初始值	设定范围	内容
132	PID 下限	9999	0~100%	设定下限。如果检测值超过此设定,就输出 FDN 信号。测定值(端子 4)的最大输入(20mA/5V/10V)等于 100%
			9999	功能无效
133	PID 目标设定	9999	0~100%	设定 PID 控制时的设定值
			9999	端子 2 输入为目标值
134	PID 微分时间	9999	0.01~10.00s	在偏差指示灯输入时,得到仅比例(P)动作的操作量所需要的时间(T_d)。随着微分时间的增大,对偏差变化的反应也加大
			9999	无微分控制

2. PID 的基本构成

图 3.17 (a) 所示为 PID 控制参数 Pr.128=10 或 11 (即偏差信号输入) 时的原理,图 3.17 (b) 所示为 Pr.128=20 或 21 (即测定值输入) 时的原理。

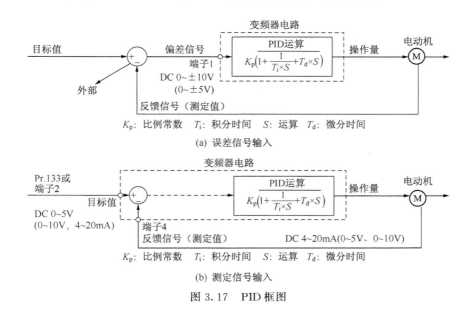

(a) 误差信号输入

(b) 测定信号输入

图 3.17 PID 框图

3. PID 动作过程

图 3.18 所示为 PID 调节参数 Pr.129、Pr.130 和 Pr.134 设定之后的动作过程,称为 P 动作、I 动作和 D 动作的三者之和。

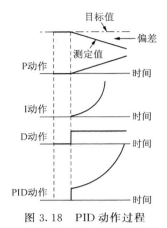

图 3.18　PID 动作过程

4. PID 的自动切换

为了加快 PID 控制运行时开始阶段的系统上升过程，可以仅在起动时以通常模式上升。Pr.127 可以设置自动切换频率，从起动到 Pr.127 以通常模式运行，待频率达到该设定值后，才转为 PID 控制。图 3.19 所示为 PID 自动切换控制。当然，从图中也可以看出，Pr.127 的设定值仅在 PID 运行时有效，其他阶段无效。

5. PID 信号输出功能

在很多控制案例中，需要输出 PID 控制过程的各种状态，尤其是 PID 目标值、PID 测定值和 PID 偏差值。A700 变频器提供了这些信号直接输出到 CA 和 AM 端子，具体设定参数如表 3.8 所示。

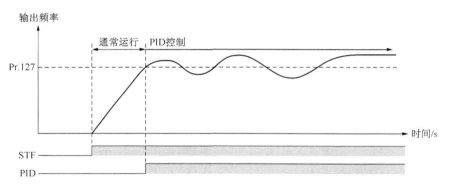

图 3.19　PID 自动切换

表 3.8　PID 信号输出功能

设定值	监视内容	最小单位	端子 CA、AM 满刻度	备注
52	PID 目标值	0.1%	100%	偏差输入（Pr.128 = 10，11）时，监视值通常显示 0
53	PID 测定值	0.1%	100%	
54	PID 偏差值	0.1%	—	Pr.54、Pr.158 无法设定。PID 偏差为 0% 时显示 1000

6. PID 的正负作用

在 PID 作用中，存在两种类型，即负作用与正作用。负作用是当偏差信号（即目标值-测量值）为正时，增加频率输出，如果偏差为负，则频率输出降低。正作用的动作顺序刚好相反，具体如图 3.20 所示。

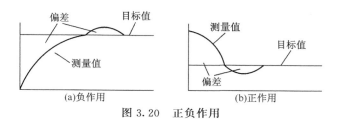

图 3.20　正负作用

7. 恒压供水系统 PID 应用实例

图 3.21（a）所示为该恒压供水系统的示意图，其中变频器选用 A700 变频器，并采用内置 PID 运行控制。

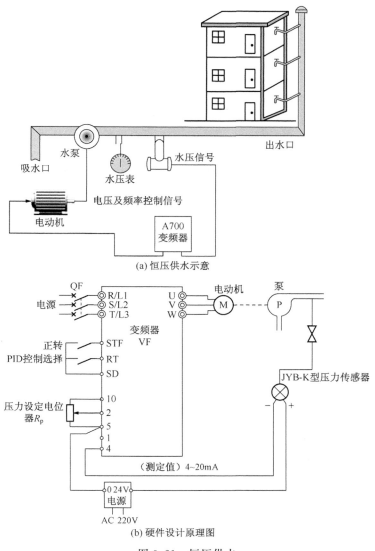

图 3.21　恒压供水

图 3.21 （b）所示为硬件设计原理图，它采用电位器 R_p 进行设定压力，通过 JYB-K 型二线制压力传感器作为实际压力反馈。利用变频器内部的 PID 调节功能，目标信号 SV 是一个与压力的控制目标相对应的值，反馈信号 PV 是压力变送器反馈回来的信号，该信号是一个反映实际压力的信号。PV 和 SV 两者是相减的，其合成信号（SP-PV）经过 PID 调节处理后得到频率给定信号 MV，决定变频器的输出频率 f。当用水流量减小时，供水能力 Q_G＞用水流量 Q_U，则供水压力上升，PV↑，合成信号（SP-PV）↓，变频器输出频率 f↓，电动机转速 n↓，供水能力 Q_G↓直至压力大小回复到目标值，供水能力与用水流量重新平衡（$Q_G=Q_U$）时为止；反之，当用水流量增加，使 $Q_G＜Q_U$ 时，则 PV↓→MV＝（SP-PV）↑→f↑→n↑→Q_G↑→$Q_G=Q_U$，又达到新的平衡。

表 3.9 所示为该恒压供水系统的变频器参数设置。

表 3.9　恒压供水变频器参数设置

参数代码	功能简述	设定数据
Pr. 73	模拟量的选择	1（端子 2 输入 0～5V）
Pr. 79	运行模式选择	2（外部模式固定）
Pr. 128	PID 动作选择	20（PID 负作用）
Pr. 129	PID 比例带	150%（根据实际调整）
Pr. 130	PID 积分时间	1s（根据实际调整）
Pr. 133	PID 动作目标值	9999（端子 2 作为目标值）
Pr. 134	PID 微分时间	0.01s（根据实际调整）
Pr. 178	STF 功能选择	60（正转命令）
Pr. 183	RT 功能选择	14（PID 控制）
Pr. 267	端子 4 输入选择	0（4～20mA）

3.4　通信控制应用

变频器被广泛应用于工业控制现场的交流传动之中。通常变频器控制由操作面板来完成，也可通过输入外部的控制信号来实现。而目前在实际的应用中，变频器与控制器之间更趋于通过现场实时总线通信的方式而实现数据的交互，上位机可以通过 RS232/RS485 或现场总线实现通信。

因此，变频器的通信设计通常是从两个层面考虑，即通用的 RS232/RS485 通信和现场总线通信。尽管现场总线与 RS232/RS485 在物理接口上存在类似的概念，但在本质上是有区别的。

以往 PC 与智能设备通信多借助 RS232、RS485、以太网等方式，主要取决于设备的接口规范。但 RS232/RS485 只能代表通信的物理介质层和链路层，如果要实现数据的双向访问，就必须自己编写通信应用程序，但这种程序多数都不符合 ISO/OSI 的规范，只能实现较单一的功能，适用于单一设备类型，程序不具备通用性。在 RS232 或 RS485 设备连成的设备网中，如果设备数量超过 2 台，就必须使用 RS485 做通信介质，RS485 网的设备间要想互通信息，只有通过主（Master）设备中转才能实现，这个主设备通常是 PC，而这种设备网中只允许存在一个主设备，其余全部是从（Slave）设备。而现场总线技术是以 ISO/OSI 模型为基础的，具有完整的软件支持系统，能够解决总线控制、冲突检测、链路维护等问题，因此现场总线设备自动成网，无主/从设备之分或允许多主存在。

3.4.1 通用 RS232/RS485 的通信设计

在许多数控设备中，经常要用变频器去控制交流电动机的转速、转向。在某些地方，需要用一台工控机、PLC 或 DCS 灵活地控制多台变频器，以达到控制各交流电动机的目的。针对这一需要，一些公司（如艾默生、西门子、三菱等）推出了带有 RS232/RS485 通信接口的变频器，使用户能够方便、灵活地选择变频器的强大功能。

1. 三菱变频器的 RS232/RS485 通信设计

（1）组网方式

三菱变频器 700 系列都可以采取组网方式进行通信。方式一为单主机多从机方式（图 3.22），方式二为单主机单从机方式。主机可以选用个人计算机、可编程控制器、DCS；从机则指的是变频器。

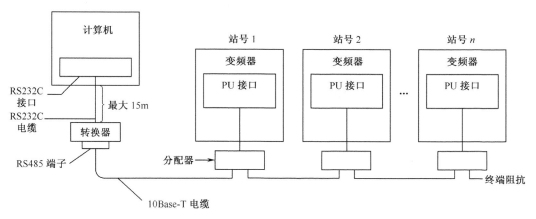

图 3.22 三菱变频器的通信组网方式

（2）通信接口

通信接口一般包含接口方式、数据格式和波特率 3 种。

三菱变频器的接口方式为 RS485 接口，且为异步半双工。数据格式根据校验方式的不同可以分为无校验、奇校验和偶校验 3 种，波特率可以包括 300～38400b/s 的一种。

（3）功能定义

通过通信可以监视变频器的内容包括以下几个方面。

1）监视从机运行状态。

从机的运行参数：当前运行频率、输出电压、输出电流、无单位显示量（运行转速）、模拟闭环反馈、速度闭环反馈、输出转矩等。

从机运行设定参数：当前设定频率、设定转速、设定线速度、模拟等闭环设定、速度闭环设定、供水变频器的压力设定等。

从机运行状态：I/O 状态、当前运行状态、报警状态等。

2）控制从机运行，包括开机、停机、点动、故障复位、自由停车、紧急停车、设置当前运行频率给定值等。

3）读取从机的功能码参数值。

4）设置从机的功能码参数值。

5）系统配置和查询命令。配置从机当前运行设置、查询从机设备系列类型、输入并验证用户密码。

（4）通信规格

通信方式遵循表 3.10 所示的规定。

表 3.10　三菱变频器通信规格

符合的标准			RS485
可连接的变频器数量			1～N（最多 32 台变频器）
通信速率			可选择 19200b/s、9600b/s 和 4800b/s
控制协议			异步
通信方式			半双工
通信规格	字符方式		ASCII（7 位/8 位）可选
	停止位长		可在 1 位和 2 位之间选择
	结束		CR/LF（有/没有）可选
	校验方式	奇偶校验	可选择有（奇或偶）或无
		总和校验	有
	等待时间设定		在有和无之间选择

2. 西门子变频器的 RS485 通信设计

（1）USS 通信特点

USS 是西门子公司为变频调速器开发的串口通信协议，可支持变频调速器同主机（PC 或 PLC）之间建立通信连接，常常适用于规模较小的自动化系统。

这种系统结构有以下特点。

1）用单一的、完全集成的系统来解决自动化问题。所有的西门子交流调速器都可采用 USS 协议作为通信链路。

2）数字化的信息传递，提高了系统的自动化水平及运行的可靠性，解决了模拟信号传输所引起的干扰及漂移问题。

3）其通信介质采用 RS485 屏蔽双绞线，最远可达 1000m，因此可有效地减少电缆的数量，从而可以大大减少开发和工程费用，并极大地降低客户的起动和维护成本。

4）通信速率较高，可达 187.5kb/s。对于有 10 个调速器，每个调速器有 6 个过程数据需刷新的系统，PLC 的典型扫描周期为几百毫秒。

5）它采用的操作模式为总线结构的单主站、主从存取方式。报文结构具有参数数据与过程数据，前者用于改变变频调速器的参数，后者用于快速刷新变频调速器的过程数据，如起动停止、速度给定、力矩给定等。具有极高的快速性与可靠性。

6）西门子变频调速器的主机上大都提供 USS 接口，因此不需任何附加板，仅在上位机中插入一 RS485 通信板或 RS232/RS485 接口卡，就可实现调速器数据的存取。

因此采用 USS，就能以低廉的成本实现一个小型的自动化系统。

（2）S7-200 与变频器的通信

S7-200 控制西门子 Micromaster 变频器的标准的 USS 指令，采用 RS485 接口方式，通过 PLC 可以方便地控制和监测 Micromaster 变频器的运行和状态。

在使用 USS 协议和西门子变频器通信时，需注意以下几项。

1）USS 协议是使用 PLC 的 0 端口和变频器通信的，对于有两个端口的 S7 系列 PLC 要注意不要使用错误的端口号，而且当端口 0 用于 USS 协议通信时，就不能再用于其他的目的了，包括与 STEP7Micro/win 的通信。

2）在编程时，要注意使用的 V 存储器不要和给 USS 分配的发生冲突。在 USS 协议中使用的是 VW4725～VW5117 的 V 存储器，建议在编写程序时，尽量不要使用这个区域附近的 V 存储器，以防出现不可预料的情况。

USS 协议编程顺序如下。

① 使用 USS＿INIT 指令初始化变频器。包括指定端口 0 用于 USS 协议，通信的波特率和激活的变频器号等。程序只能通过一次起动或改变 USS 参数。此程序段可以在程序初始化子程序中完成。

② 使用 DRV＿CTRL 激活变频器。每条 DRV＿CTRL 只能激活一台变频器。而其他 USS 指令，如 READ＿RPM（读变频器参数）、WRITE＿RPM（写变频器参数）可以任意添加。

③ 配置变频器参数，以便和 USS 指令中指定的波特率和地址相对应。

④ 连接 PLC 和变频器间的通信电缆。需要注意的是，因为是通信，所以连线时一定要注意动力线和通信线分开布线，并且通信线要使用短而粗的屏蔽电缆，且屏蔽层要接到和变频器相同的接地点，否则会给通信造成干扰，导致变频器不能正常运行。

通信电缆的连线：PLC 端 D 型头，1 接屏蔽电缆的屏蔽层，3 和 8 接变频器的两个通信端子。在干扰比较大的场合，接偏置电阻。

S7 系列的 USS 协议指令是成型的，在编程时不必理会 USS 方面的子程序和中断，只要在主程序调用 USS 指令就可以了。

3.4.2 三菱 FX 系列 PLC 与三菱变频器 RS485 通信应用实例

1. 三菱 FX 系列 PLC 与三菱变频器通信接线

三菱 PLC：FX2N＋FX2N-485-BD。

三菱变频器：A500 系列、E500 系列、F500 系列、F700 系列、S500 系列。

两者之间通过网线连接（网线的 RJ45 插头和变频器的 PU 插座连接），使用两对导线连接，即将变频器的 SDA 与 PLC 通信板（FX2N-485-BD）的 RDA 连接，变频器的 SDB 与 PLC 通信板（FX2N-485-BD）的 RDB 连接，变频器的 RDA 与 PLC 通信板（FX2N-485-BD）的 SDA 连接，变频器的 RDB 与 PLC 通信板（FX2N-485-BD）的 SDB 连接，变频器的 SG 与 PLC 通信板（FX2N-485-BD）的 SG 连接。

A500、F500、F700 系列变频器 PU 端口如图 3.23 所示。

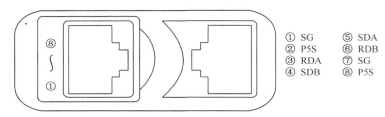

① SG ⑤ SDA
② P5S ⑥ RDB
③ RDA ⑦ SG
④ SDB ⑧ P5S

图 3.23 三菱变频器 500/700 的 PU 端口

E500、S500 系列变频器 PU 端口如图 3.24 所示。

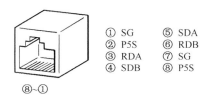

① SG ⑤ SDA
② P5S ⑥ RDB
③ RDA ⑦ SG
④ SDB ⑧ P5S

图 3.24 三菱变频器 E500 的 PU 端口

2. 三菱 FX 系列 PLC 与三菱变频器通信参数设置

（1）三菱变频器的设置

PLC 和变频器之间进行通信，通信规格必须在变频器的初始化中设定，如果没有进行初始设定或有一个错误的设定，数据将不能进行传输。

注：每次参数初始化设定完成以后，需要复位变频器。如果改变与通信相关的参数后，变频器没有复位，通信将不能进行。

三菱变频器参数设置如表 3.11 所示。

表 3.11 三菱变频器参数设置

参数号	名称	设定值	说明
Pr. 117	站号	0	设定变频器站号为 0
Pr. 118	通信速率	96	设定波特率为 9600b/s
Pr. 119	停止位长/数据位长	11	设定停止位 2 位，数据位 7 位
Pr. 120	奇偶校验有/无	2	设定为偶校验

续表

参数号	名称	设定值	说明
Pr. 121	通信再试次数	9999	即使发生通信错误,变频器也不停止
Pr. 122	通信校验时间间隔	9999	通信校验终止
Pr. 123	等待时间设定	9999	用通信数据设定
Pr. 124	CR,LF 有/无选择	0	选择无 CR,LF

对于 Pr.122,一定要设成 9999,否则当通信结束以后且通信校验互锁时间到时变频器会产生报警并且停止（E. PUE）。

对于 79 号参数要设成 1,即 PU 操作模式。

注:以上的参数设置适用于 A500、E500、F500、F700 系列变频器。

当在 F500、F700 系列变频器上要设定上述通信参数,首先要将 Pr.160 设成 0。

对于 S500 系列变频器（带 R）的相关参数设置如表 3.12 所示。

表 3.12　S500 系列变频器相关参数

参数号	名称	设定值	说明
n1	站号	0	设定变频器站号为 0
n2	通信速率	96	设定波特率为 9600b/s
n3	停止位长/数据位长	11	设定停止位 2 位,数据位 7 位
n4	奇偶检验有/无	2	设定为偶校验
n5	通信再试次数	—	即使发生通信错误,变频器也不停止
n6	通信校验时间间隔	—	通信校验终止
n7	等待时间设定	—	用通信数据设定
n8	运行指令权	0	指令权在计算机
n9	速度指令权	0	指令权在计算机
n10	联网起动模式选择	1	用计算机联网运行模式起动
n11	CR,LF 有/无选择	0	选择无 CR,LF

对于 79 号参数设成 0 即可。

注意:当在 S500 系列变频器上要设定上述通信参数,首先要将 Pr.30 设置成 1。

（2）三菱 PLC 的设置

三菱 FX 系列 PLC 在进行计算机连接（专用协议）和无协议通信（RS 指令）时均需对通信格式（D8120）进行设定。其中包含有波特率、数据长度、奇偶校验、停止位和协议格式等。在修改了 D8120 的设置后,确保关掉 PLC 的电源,然后再打开。

在这里对 D8120 设置如下:

    RS485

b15　　　　　　　　b0

0000　1100　1000　1110

0　　C　　8　　E

即数据长度为 7 位,偶校验位,2 位停止位,波特率为 9600b/s,无标题符和终结符,没有添加和校验码，采用无协议通信（RS485）。

3. 通信编程

有关利用三菱变频器协议与变频器进行通信的 PLC 程序梯形图如图 3.25 所示。

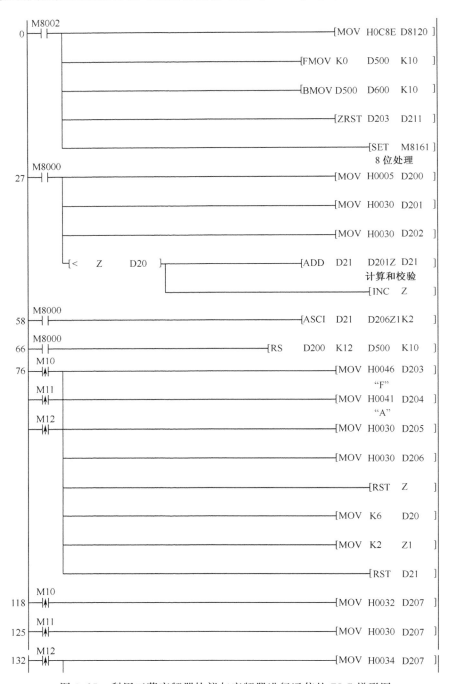

图 3.25　利用三菱变频器协议与变频器进行通信的 PLC 梯形图

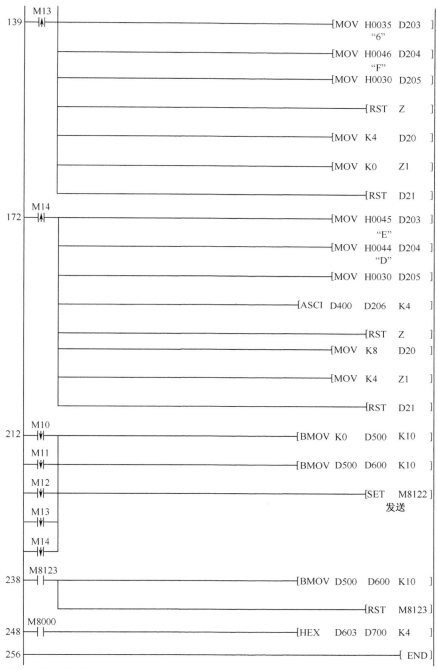

关于上述程序的说明：
① 当 M10 接通一次以后变频器进入正转状态；
② 当 M11 接通一次以后变频器进入停止状态；
③ 当 M12 接通一次以后变频器进入反转状态；
④ 当 M13 接通一次以后读取变频器的运行频率（D700）；
⑤ 当 M14 接通一次以后写入变频器的运行频率（D400）。

图 3.25　利用三菱变频器协议与变频器进行通信的 PLC 梯形图（续）

3.5 变频控制柜的设计

随着通用变频器市场的日益繁荣，不包括 OEM 进口变频器，中国通用变频器年用量超过 50 亿元人民币，变频器及其附属设备的安装、调试、日常维护及维修工作量剧增，给用户造成重大的直接和间接损失。针对造成以上问题的原因，根据大量用户的实际应用情况，从应用环境、电磁干扰与抗干扰、电网质量、电动机绝缘等方面进行分析，提出一些改进的建议。

在变频器实际应用中，由于国内客户除少数有专用机房外，大多为了降低成本，将变频器直接安装于工业现场。工作现场一般灰尘大、温度高，在南方还有湿度大的问题。对于线缆行业还有金属粉尘，在陶瓷、印染等行业还有腐蚀性气体和粉尘，在煤矿等场合，还有防爆的要求等。因此必须根据现场情况提出相应的对策。

3.5.1 变频控制柜的设计和防护等级

1. 变频器的设计基本要求

变频器安装在控制柜内部是最普遍的安装方式，占到变频器应用环境的 90% 以上。

从众多的变频器手册中，总结出变频器的安装环境应该至少满足以下几个条件：

1）变频器应垂直安装。

变频柜设计

2）环境温度应该在 $-10 \sim 40$℃的范围内，如温度超过 40℃时，需外部强迫散热或者降额使用，有些变频器的上限温度为 50℃（如美国 ROCKWELL 的变频器 1336 或者 PowerFlex 系列）。

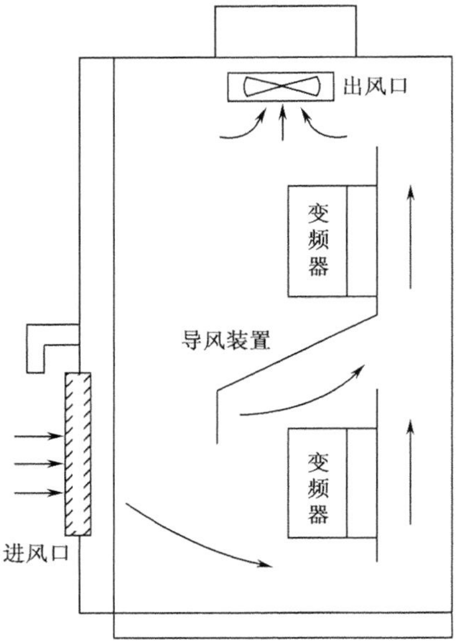

3）湿度要求低于 95%，无水珠凝露。

4）外界振动小于一定值（如 0.6g 或 0.5g）。

5）避免阳光直射。

6）无其他恶劣环境，如多粉尘、金属屑、腐蚀性流体等。

图 3.26 所示为典型的变频控制柜的设计示例，显然这里考虑比较多的是散热和防护等级。

在变频器的散热方式中，自然散热和对流散热都是利用环境中空气的交换，因此在控制柜内安装这两种散热方式的变频器，必须考虑到风道设计。通常，控制柜的进风口可以选择柜门前侧底部，出风口可以选择顶部散热，在多台变频器安装时，必须考虑导风装置，以避免变频器上、下单纯的层叠式安装。因为在这种层叠式安装设

图 3.26 柜内安装变频器的基本要求

计中，最下面变频器散热后的热风将直接吸入到上面变频器的进风口，最后导致散热效果差。装设了导风装置后，能够保证不同位置的变频器进风温度一致。

在变频器的散热设计中，对于风机的起停可以有两种控制方式：与变频器的起停连锁，变频器开则风机开，变频器停则风机停；设计柜内温控开关，通过温控器的 ON/OFF 动作来控制风机的起停。

对于进风口和出风口的开孔位置，必须考虑到整体性效果，如在拼柜式安装中，出风口在左侧上或右侧上都是不现实的，一般选择在顶部。

变频控制柜的防护等级是设计中的重要一环，首先只有控制柜的防护等级达标了，变频器就能处于相对理想的环境中，能正常和长寿命地工作；其次，控制柜的防护等级是变频器防护等级的延伸，一般的变频器都是 IP20，它不能简单地工作在粉尘多、水汽多、腐蚀多的环境中，而通过变频控制柜 IP 等级的延伸，变频器也就能相应地胜任该恶劣环境而良好地工作；最后，控制柜的防护等级将直接与变频器的散热方式有关，在一些重要的易燃易爆的场合，变频器的散热方式只能采用液冷方式。

防护等级的防护标志由特征字母 IP 和两个表示防护等级的表征数字组成。IP 防护等级系统是由 IEC 所起草。第一位数字表示控制柜隔尘、防止外物侵入的等级，第二位数字表示控制柜防湿气、防水侵入的密闭程度，数字越大，表示其防护等级越高。

两个表征数字所表示的防护等级如表 3.13 和表 3.14 所示。

表 3.13　IP 第一位表征数字定义

第一位表征数字	防护等级定义	
0	没有防护	对外界的人或物无特殊防护
1	防止大于 50mm 的固体物体侵入	防止人体（如手掌）因意外而接触到产品内部的零件。防止较大尺寸（直径大于 50mm）的外物侵入
2	防止大于 12mm 的固体物体侵入	防止人的手指接触到产品内部的零件，防止中等尺寸（直径大于 12mm）的外物侵入
3	防止大于 2.5mm 的固体物体侵入	防止直径或厚度大于 2.5mm 的工具、电线或类似的细节小外物侵入而接触到产品内部的零件
4	防止大于 1.0mm 的固体物体侵入	防止直径或厚度大于 1.0mm 的工具、电线或类似的细节小外物侵入而接触到产品内部的零件
5	防尘	完全防止外物侵入，虽不能完全防止灰尘进入，但侵入的灰尘量并不会影响产品的正常工作
6	防尘	完全防止外物侵入，且可完全防止灰尘进入

表 3.14　IP 第二位表征数字定义

第二位表征数字	防护等级定义	
0	没有防护	对外界的人或物无特殊防护
1	防止滴水侵入	垂直滴下的水滴（如凝结水）对产品不会造成有害影响
2	倾斜 15° 时仍可防止滴水侵入	当产品由垂直倾斜至 15° 时，滴水对产品不会造成有害影响

续表

第二位表征数字	防护等级定义	
3	防止喷洒的水侵入	防雨或防止与垂直的夹角小于60°的方向所喷洒的水进入产品造成损害
4	防止飞溅的水侵入	防止各方向飞溅而来的水进入产品造成损害
5	防止喷射的水侵入	防止来自各方向由喷嘴射出的水进入产品造成损害
6	防止大浪的侵入	装设于甲板上的产品，防止因大浪的侵袭而进入造成损坏
7	防止浸水时水的侵入	产品浸在水中一定时间或水压在一定的标准以下能确保不因进水而造成损坏
8	防止沉没时水的侵入	产品无限期地沉没在指定水压的状况下，能确保不因进水而造成损坏

由表中可以看出，在户外或露天场所的控制柜应采用 IP54 的防护等级，而普通场合的控制柜 IP20 也可以满足要求。

另外，振动的因素一般只在有振动的周边环境中才有，如车载式变频器、冲击性机械用变频器等。当振动的加速度超过变频器的容忍范围时，则必须采取一定的措施，如在变频器的安装时采用防震橡胶或变更安装地点等。

2. 防尘控制柜的设计

在多粉尘场所，特别是多金属粉尘、絮状物的场所使用变频器时，采取正确、合理的防护措施是十分必要的，防尘措施得当对保证变频器正常工作非常重要。

有防尘要求（即 IP5X 以上）的，总体上控制柜整体应该密封，应该通过专门设计的进风口、出风口进行通风；控制柜顶部应该有防护网和防护顶盖出风口；控制柜底部应该有底板和进风口、进线孔，并且安装防尘网。

设计防尘控制柜主要应注意以下几个方面。

1）控制柜的风道要设计合理，排风通畅，避免在柜内形成涡流，在固定的位置形成灰尘堆积。

2）控制柜顶部出风口上面要安装防护顶盖，防止杂物直接落入；防护顶盖高度要合理，不影响排风。防护顶盖的侧面出风口要安装防护网，防止絮状杂物直接落入。

3）如果采用控制柜顶部侧面排风方式，出风口必须安装防护网。

4）一定要确保控制柜顶部的轴流风机旋转方向正确，向外抽风。如果风机安装在控制柜顶部的外部，必须确保防护顶盖与风机之间有足够的高度；如果风机安装在控制柜顶部的内部，安装所需螺钉必须采用止逆弹件，防止风机脱落造成柜内元件和设备的损坏。建议在风机和柜体之间加装塑料或者橡胶减振垫圈，可以大大减小风机震动产生的噪声。

5）控制柜的前、后门和其他接缝处，要采用密封垫片或者密封胶进行一定的密封处理，防止粉尘进入。

6）控制柜底部、侧板的所有进风口、进线孔，一定要安装防尘网。阻隔絮状杂物进入。防尘网应该设计为可拆卸式，以方便清理、维护。防尘网的网格要小，能够有效阻挡细小絮状物（与一般家用防蚊蝇纱窗的网格相仿）；或者根据具体情况确定合适的网格尺寸。防尘网四周与控制柜的接合处要处理严密。

7）如果特殊用户在使用中需要取掉键盘，则变频器面板的键盘孔一定要用胶带严格密封或者采用假面板替换，防止粉尘大量进入变频器内部。

防尘变频控制柜的应用非常广泛，比如在矿山的变频提升机构、工业炉窑的传动设备、塑料挤出机和混料机的主机传动、建筑工业的搅拌机和起重机等场合，能充分保证变频器的优良工作性能。

3. 防潮湿霉变的控制柜的设计

多数变频器厂家内部的印制板、金属结构件均未进行防潮湿霉变的特殊处理，如果变频器长期处于这种状态，金属结构件容易产生锈蚀，对于导电铜排在高温运行情况下，更加剧了锈蚀的过程。对于微机控制板和驱动电源板上的细小铜质导线，由于锈蚀将造成损坏，因此，对于应用于潮湿和含有腐蚀性气体的场合，必须对于使用变频器的内部设计有基本要求，如印制电路板必须采用三防漆喷涂处理，对于结构件必须采用镀镍铬等处理工艺。

除此之外，还需要设计能够防潮湿霉变或防高湿度的变频控制柜，保证其防护等级在 IP54 及以上，具体的措施有以下几条。

1）控制柜可以安装在单独的、密闭的采用空调的机房，此方法适用控制设备较多、建立机房的成本低于柜体单独密闭处理的场合，此时控制柜可以采用如上防尘或者一般环境设计即可。

2）采用独立进风口。单独的进风口可以设在控制柜的底部，通过独立密闭的地沟与外部干净环境连接，此方法需要在进风口处安装一个防尘网，如果地沟超过 5m 以上时，可以考虑加装鼓风机。

3）密闭控制柜内可以加装吸湿的干燥剂或者吸附毒性气体的活性材料，并进行周期性检查和更换。

4）采用具有独立风道冷却方式的变频器，将该风道外置，与柜内完全隔离；或者在大功率变频器的情况下可以选择液冷方式。

5）在湿度高的氛围中为防止变频器停止运行后产生积累的结露，可以装设空间对流加热器，在变频器运转时可以自行切断加热器回路。

防潮湿霉变的变频控制柜可以在高湿度或腐蚀性强的场所中工作，从而可以杜绝绝缘劣化和金属表面的锈蚀。

4. 无间隙安装

在一般情况下，变频器的左、右部边缘距离控制柜侧部，或者隔板或者必须安装的大元件等的最小间距，应该大于 50mm。但是现在已经有 DANFOSS 和 AB 提出无间隙安装的概念，这样就使得柜子的安装尺寸进一步减小。

3.5.2 变频控制柜的主回路和 EMC 设计

1. 主回路电缆

选择主回路电缆时，需考虑电流容量、短路保护、电缆压降等因素。一般情况下，变频器输入电流的有效值比电动机电流大。变频器与电动机之间的连接电缆应尽量短，因为此电缆距离长，则电压降增大，可能引起电动机转矩不足。特别是变频器输出频率低时，其输出电压也低，线路电压损失所占百分比加大。变频器与电动机之间的线路压降规定不能超过额定电压的 2%，根据这一规定来选择电缆。工厂中采用专用变频器时，如果有条件对变频器的输出电压进行补偿，则线路压降损失值可取为额定电压的 5%。

一旦容许电压给定，主回路电缆的电阻值取值可根据以下公式求得

$$R_c \leqslant 1000 \times \Delta U / (\sqrt{3} \times L \times I) \tag{3-9}$$

式中，R_c 为单位长电缆的电阻值（$\mathrm{m\Omega/m}$）；ΔU 为容许线间压降（V）；L 为电缆的铺设距离（m）；I 为电流（A）。

下面举例进行说明。

一变频器带动一笼型三相异步电动机，电动机的铭牌数据为：额定电压 220V、功率 7.5kW、4 极、额定电流为 33A，电缆铺设距离为 50m，线路压降损失允许在额定电压的 2% 以内，求电缆电阻的选型。

根据额定电压容许的电压降为：$220\mathrm{V} \times 2/100 = 4.4\mathrm{V}$。

在容许的电压降以内的电缆电阻值按照公式（3-9）算得：$R_c \leqslant 1.54\mathrm{m\Omega/m}$。

由计算出的单位长电缆的电阻值 R_c，从厂家提供的相关数据中选用电缆为 $16\mathrm{mm}^2$。

当然在一般的情况下，变频器主回路电缆的选用并不需要特别的计算，而是根据变频器说明书的选型表即可得出，且电源到变频器和变频器到电动机都可以选用同一型号的电缆。

表 3.15 所示为通用变频器的主回路电缆选用数据。

表 3.15 变频器主回路电缆推荐配线和断路器选型

变频器规格	导线截面积/mm²	断路器/A
单相 220V 0.7kW 及以下	1.5	20
单相 220V 1.5kW/2.2kW	2.5	32
三相 380V 0.75kW 及以下	1.5	10
三相 380V 1.5kW	2.5	10
三相 380V 2.2kW	2.5	16
三相 380V 4kW/3.7kW	2.5	20
三相 380V 5.5kW	4.0	32
三相 380V 7.5kW	4.0	40

续表

变频器规格	导线截面积/mm²	断路器/A
三相 380V 11kW	6	63
三相 380V 15kW	10	63
三相 380V 18.5kW	16	100
三相 380V 22kW	16	100
三相 380V 30kW	25	125
三相 380V 37kW	25	160
三相 380V 45kW	35	200
三相 380V 55kW	35	200
三相 380V 75kW	70	250
三相 380V 90kW	70	315
三相 380V 110kW	95	400
三相 380V 132kW	150	400
三相 380V 160kW	185	630
三相 380V 200kW	240	630
三相 380V 220kW	150×2	800
三相 380V 280kW	185×2	1000

2. 断路器和接触器

在变频调速系统的主回路中，断路器是至关重要的，它具有短路保护的作用，能避免后级设备故障造成故障范围进一步扩大。

在一般情况下，断路器不能与漏电保护器装设在同一回路，其选型按照表 3.8 所示的电流选择即可，断路器的规格不能选择配电型而是电动机保护型。

接触器的选型只需直接对应变频器的功率即可。

3. 滤波器

变频器的电源滤波器一般依据 EN133000、EN133200、GB/T15827、GB/T15288、IEC939-1、IEC939-2 标准设计，涉及的电源滤波器由无源元件（L、R、C）组成，含有共模和差模衰减网络，电源滤波器的应用要求同信号传输应用要求正好相反，不是阻抗匹配而是阻抗失配，滤波器与终端阻抗失配越大，干扰信号越无法传输，滤波器的阻断作用越强。电源滤波器是一种无源低通滤波器，滤波频段在 10kHz～30MHz 之间，不仅能有

变频器 EMC
设计规范

效抑制沿电源线传播的传导干扰，同时也能大大降低电子设备产生的辐射干扰。

（1）插入损耗

插入损耗（IL）是滤波器没有接入线路前和接入线路后由电源传递给负载的电压之比，通常以分贝数来表示。电源滤波器的性能测量依据国际标准是在 $50\Omega/50\Omega$ 的理想状态下进行，所以理想测量与实际应用存在一定的差别，因此，用户在运用电源滤波

器时，要以实际应用测试为依据。

（2）额定电流

额定电流是滤波器在额定频率、额定温度下能连续工作的最大电流，在不同的使用环境下（尤其是环境温度），操作电流应作适当调整。

（3）泄漏电流

电源滤波器的泄漏电流是指滤波器通电时，在额定电压下，相线和中线与外壳间流过的交流电流，它主要是由连接在相线-外壳、中线-外壳之间的电容器（称为 Y 电容）引起，并非绝缘不良造成，选用 Y 电容器时已对安全性作了充分考虑。

（4）绝缘电阻

绝缘电阻是指滤波器相线、中线对地之间的阻值，通常用绝缘电阻表测试。一般交流电源滤波器的绝缘电阻大于 200MΩ，直流电源滤波器大于 60MΩ。

4. 电抗器

适当选配电抗器与变频器配套使用，可以有效地防止因操作交流进线开关而产生的过电压和浪涌电流对它的冲击，同时亦可以减少变频器产生的谐波对电网的污染，并可提高变频器的功率因数。因此，探讨与变频器配套用的各类电抗器的作用和容量选择等问题是十分必要的。

电抗器选型
与安装

（1）与变频器系统配套用的 3 种电抗器

1）进线电抗器 LA_1。又称电源协调电抗器，它能够限制电网电压突变和操作过电压引起的电流冲击，有效地保护变频器和改善其功率因数。接入与未接入进线电抗器时，变频器输入电网的谐波电流的情况。

2）直流电抗器 L_{DC}。直流电抗器接在变频系统的直流整流环节与逆变环节之间，L_{DC}能使逆变环节运行更稳定，及改善变频器的功率因数。

3）输出电抗器 LA_2。它接在变频器输出端与负载（电动机）之间，起到抑制变频器噪声的作用。

这 3 种电抗器在变频器中的连线如图 3.27 所示。

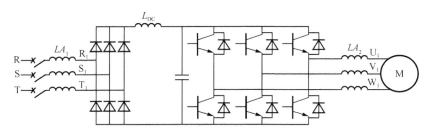

图 3.27　3 种电抗器在变频器中的连线

（2）需要安装进线电抗器的场合

进线电抗器既能阻止来自电网的干扰，又能减少整流单元产生的谐波电流对电网的污染，当电源容量很大时，更要防止各种过电压引起的电流冲击，因为它们对变频器内整流二极管和滤波电容器都是有害的。因此接入进线电抗器，对改善变频器的运行状况是有好处的。根据运行经验，在下列场合一定要安装进线电抗器，才能保证变频器可靠地运行。

1）电源容量为 600kVA 及以上，且变频器安装位置离大容量电源在 10m 以内。

2）三相电源电压不平衡率大于 3%。

3）其他晶闸管变流器与变频器共用同一进线电源，或进线电源端接有通过开关切换以调整功率因数的电容器装置。

（3）进线电抗器容量的选择

进线电抗器的容量可按预期在电抗器每相绕组上的压降来决定。一般选择压降为网侧相电压的 2%～4%。进线电抗器压降不宜取得过大，压降过大会影响电动机转矩。一般情况下选取进线电压的 4%（8.8V）已足够，在较大容量的变频器中如 75kW 以上可选用 10V 压降。

（4）直流电抗器和输出电抗器的作用

在有直流环节的变频系统中，在整流器后接入直流电抗器可以有效地改善功率因数，配合得当可以将功率因数提高到 0.95，另外，直流电抗器能使逆变器运行稳定，并能限制短路电流，所以很多厂家生产的 55kW 以上的变频器都随机供应直流电抗器。输出电抗器的主要作用是补偿长线分布电容的影响，并能抑制变频器输出的谐波，起到减小变频器噪声的作用。

3.6 技能训练：化工厂变频控制系统的设计

3.6.1 控制要求

如图 3.28 所示为某化工厂的工艺流程。其工作原理为：在投料口 B01 投入粉末状的化工原料，经振动器均匀地分散后由计量式螺旋推进器 M02 送入料槽 B02；料槽中的水量是通过 M03 清水泵来进行控制，同时保证液位始终稳定在相同的高度，经搅拌

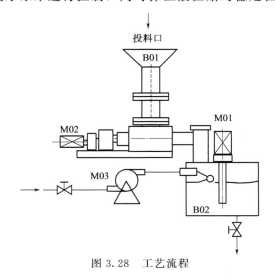

图 3.28 工艺流程

器 M01 的工作确保了化工原料与水的混合均匀，然后得到相对稳定浓度的溶液，并制成半成品从料槽的下端输出。

在化工厂泵与搅拌机控制流程中，电动机 M1、M2 和 M3 需要进行变频控制，以达到一定的控制效果，具体要求如下：

1）对 M01、M02 和 M01 进行控制，其中 M02 和 M03 能在自动情况下跟随 M01 速度。

2）M02 和 M03 能在手动情况下用电位器进行调速。

3）M01 故障后，随即停止 M02 和 M03。

4）三台电动机的功率 M01 为 3.7kW，M02 和 M03 为 2.2kW，且都必须安装热继电器。

5）对于 M01 来说，运行频率既能设定为 2 段速度，从低依次为高依次为 25Hz 和 50Hz，设定方式简单快捷，也能通过电位器简单设定速度。

3.6.2 变频控制系统的硬件设计

这里采用三菱 700 系列变频器，如图 3.29 所示为化工厂变频控制系统的硬件设计，其内容包括：

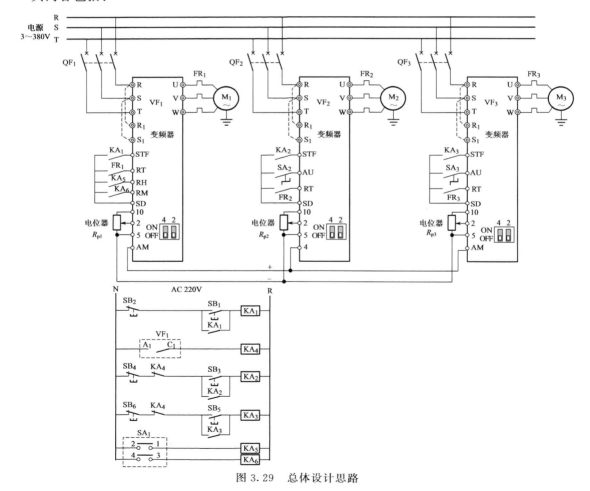

图 3.29 总体设计思路

1）VF_1、VF_2 和 VF_3 分别控制电动机 M_1、M_2 和 M_3，并在电动机端安装热继电器，其选型跟普通继电器没有区别，并进行电流整定为 1.1 倍的额定电流。

2）对于 VF_1 来说，其频率设定通过电位器 R_{p1} 或多段速，同时通过输出 AM 信号，即变频器运行速度信号给 VF_2 和 VF_3，VF_2 和 VF_3 在自动情况下，即 AU 信号接通时进行同步跟随。

3）对于 VF_2 和 VF_3 来说，通过选择 AU 信号，可以工作在自动和手动两种情况，手动情况下，采用电位器输入信号，即 R_{p2} 控制 VF_2，R_{p3} 控制 VF_3。

变频器可以输出的数字量信号

4）VF_1 故障后，其 ABC_1 端子动作，KA_4 动作，随即停止 VF_2 和 VF_3，且只有在 VF_1 动作复位的情况下才能再次起动。

为了确保多段速的合理应用，这里选择了多位转换开关 H5881/3，其外观与功能如图 3.30 所示。该选择开关提供了 6 个选择位，而本项目只需要用到其中的 2 位和 0 位，其余几位以方便扩充用。

(a) 外观

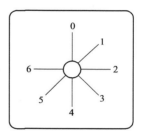

(b) 面板

位置 触点		0	1	2	3	4	5	6
1 —— 2			×					
3 —— 4				×				
5 —— 6					×			
7 —— 8						×		
9 —— 10							×	
11 —— 12								×

(c) 功能

图 3.30　多位转换开关

3.6.3　化学品电动机的变频器参数设置与调试

1. VF1 搅拌机变频器设置

VF1 搅拌机变频器参数设置见表 3.16。

表 3.16 **VF1 参数设置**

参数代码	功能简述	设定数据
Pr. 0	手动转矩提升	6%
Pr. 4	多段速设定（RH）	50.0Hz
Pr. 5	多段速设定（RM）	25.0Hz
Pr. 73	模拟量的选择	1（端子 2 输入 0～5V）
Pr. 79	运行模式选择	2（外部模式固定）
Pr. 158	AM 端子功能选择	1（输出频率）
Pr. 178	STF 功能选择	60（正转命令）
Pr. 183	RT 功能选择	7（外部热继电器输入）
Pr. 195	ABC1 功能选择	97（故障输出）

2. VF2 螺旋推进器变频器设置

VF2 螺旋推进器变频器参数设置见表 3.17。

表 3.17 **VF2 参数设置**

参数代码	功能简述	设定数据
Pr. 0	手动转矩提升	4%
Pr. 73	模拟量的选择	1（端子 2 输入 0～5V）
Pr. 79	运行模式选择	2（外部模式固定）
Pr. 178	STF 功能选择	60（正转命令）
Pr. 183	RT 功能选择	7（外部热继电器输入）
Pr. 184	AU 功能选择	4（端子 4 输入选择）
Pr. 267	端子 4 输入选择	2（端子 2 输入 0～10V）

3. VF3 清水泵变频器设置

VF3 清水泵变频器参数设置见表 3.18。

表 3.18 **VF3 参数设置**

参数代码	功能简述	设定数据
Pr. 73	模拟量的选择	1（端子 2 输入 0～5V）
Pr. 79	运行模式选择	2（外部模式固定）
Pr. 158	AM 端子功能选择	1（输出频率）
Pr. 178	STF 功能选择	60（正转命令）
Pr. 183	RT 功能选择	7（外部热继电器输入）
Pr. 184	AU 功能选择	4（端子 4 输入选择）
Pr. 195	ABC1 功能选择	97（故障输出）
Pr. 267	端子 4 输入选择	2（端子 2 输入 0～10V）

本 章 小 结

　　本章主要阐述了变频器的应用基础，即如何建立最基本的变频调速系统。从负载的机械特性、负载分类出发，变频器在调速系统中必须选择合理的型号、电动机及控制方式。只有基本掌握了变频调速的转速控制、PID 控制和通信控制才能将变频器应用到现场中去。最后对变频器使用中的控制柜进行了详细的介绍。

　　通过对本章的学习，需要掌握以下知识目标和能力目标。

知识目标：

1. 掌握负载机械特性的分类、负载的分类；

2. 掌握变频调速系统中的电动机和变频器的选择原则；

3. 掌握变频器的转速控制设计原则；

4. 掌握变频器的 PID 控制设计原则；

5. 掌握变频器的通信控制设计原则；

6. 掌握变频器控制柜的基本设计原则。

能力目标：

1. 能够分清楚不同类型的负载及其机械特性；

2. 能够根据机械特性选择不同类型的变频器及其控制方式；

3. 能够正确配置变频器及其电动机型号；

4. 能够进行最基本的变频转速开环控制设计；

5. 能够对闭环矢量控制进行参数设置，并进行初步调试；

6. 能够对外置 PID 控制器进行选型，并设计到变频调速控制系统中去；

7. 能够对内置 PID 进行参数设置和基本连线、调试；

8. 能够对变频器的 RS232/RS485 控制进行初步连线、调试；

9. 能够根据实际应用情况对变频器控制柜进行设计。

思 考 与 练 习 题

　　3.1　举出一些常见的设备，并说明其负载特性和负载转矩特性。

　　3.2　某铅锌矿选矿厂的装矿站主要负责原矿的浮选任务，即原矿经过电振调配装到矿斗，再由空中索道输送到选矿厂进行浮选。作为输送原矿的电振电动机在生产过程中比较重要（图 3.31），该电振电动机功率为 7.5kW，额定电流为 15A，过载要求 250%，正常运行频率为 12～36Hz。请选择合适的电动机和变频器，并解释选型的理由。

　　3.3　某炼钢厂现场环境恶劣，在炼钢厂平车（钢包车、渣罐车、铁水车）中罐车系统由 1 台 45kW 的变频专用电动机驱动，并采用某款变频器进行 U/f 速度开环控制模式，调速范围为 1：25。现在工厂进行技改，需要将调速范围扩大到 1：200，并淘汰原变频器。请为该厂选择合适的变频器型号，并阐述需要经过哪些步骤才能完全满足现场生产要求。

图 3.31　电振电动机

3.4　图 3.32 所示为变频器在印花机中的应用，现在有两台变频器 VF1、VF2。纺织品通过印花机、干燥层后最后进入卷曲部分，并通过张力架来满足卷曲的恒张力要求。假如采用同步控制器进行变频器的转速控制，该如何设计和选配？

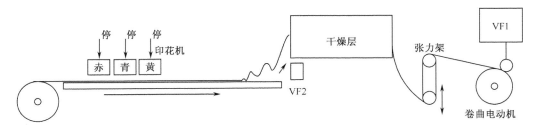

图 3.32　印花机的变频器应用

3.5　某小区需要对 10 层高楼供水，采用变频调速控制，该水泵为 4kW，额定转速 1440r/min，要求出水压力为 0.4MPa，请设计一个合适的变频恒压供水系统。

3.6　某化工厂选择一台 11kW 的 Micromaster420 驱动一台 11kW 电动机（图 3.33），作为该厂抽风机的动力来源。通过测量下游加热系统的流量来保持风量恒定。Micromaster420 变频器安装在靠近风扇的配电箱内，系统只需要起/停控制。流量传感器连接到模拟信号输入端作为反馈信号，并进入变频器的模拟量输入端作为内置 PID 控制的 PV 信号值。请为该系统进行合适的硬件外部线路设计和参数设置。假如该系统采用三菱 D700 系列，又该如何设计和设置？

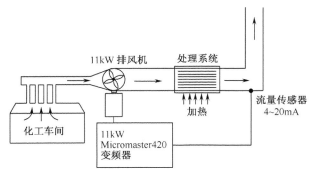

图 3.33　化工厂排风系统的变频控制

3.7　图 3.34 所示为造纸机传动的一个简图，该系统包括压榨辊、烘缸（图中未画出）。压光辊、卷纸辊、张紧检测及标定装置、光电传感器等组成。张紧装置主要由导轮、张紧轮、挺杆、弹簧、光电开关等组成。现在需要通过通信控制来实时调节压光辊电动机和卷纸辊电动机的速度，请选择合适的通信控制方式并说明控制原理。

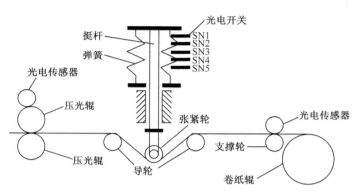

图 3.34　造纸机传动示意简图

变频器的节能应用

【内容提要】

变频器除了具有卓越的调速性能之外，还具有显著的节能作用，是企业技术改造和产品更新换代的理想调速装置。据报告分析，带变动负载、具有节能潜力的电动机至少有 1.8 亿 kW。因此，国家大力提倡节能措施，并着重推荐了变频调速技术。

在给、排水系统中，变频调速给水的供水压力可调，可以方便地满足各种供水压力的需要，并带来显著的节电功效。暖通空调的变频控制、注塑机的变频控制、变频家电的大量使用也在一定程度上推动了节能产业的发展。

4.1 变频节能的典型应用

4.1.1 变频器与节能

变频器主要用于交流电动机（异步电动机或同步电动机）转速的调节，是公认的交流电动机最理想、最有前途的调速方案，除了具有卓越的调速性能之外，变频器还有显著的节能作用，是企业技术改造和产品更新换代的理想调速装置。自 20 世纪 80 年代被引进中国以来，变频器作为节能应用中越来越重要的自动化设备，得到了快速发展和广泛的应用。在电力、纺织与化纤、建材、石油、化工、冶金、市政、造纸、食品饮料、烟草等行业以及公用工程（中央空调、供水、水处理、电梯等）中，变频器都在发挥着重要作用。

变频器产生的最初用途是速度控制，但目前在国内应用较多的却是节能。中国是能耗大国，能源利用率很低，而能源储备不足。在国家每年的电力消耗中，60%～70%为动力电，而在总容量为 5.8 亿 kW 的电动机总容量中，只有不到 2000 万 kW 的电动机是带变频控制的。据市场研究报告分析，在中国，带变动负载、具有节能潜力的电动机至少有 1.8 亿 kW。因此国家大力提倡节能措施，并着重推荐了变频调速技术。

应用变频调速，可以大大提高电动机转速的控制精度，使电动机在最节能的转速下运行。以风机水泵为例，根据流体力学原理，轴功率与转速的 3 次方成正比。当所需风量减少，风机转速降低时，其功率按转速的 3 次方下降。因此，精确调速的节电效果非常可观。与此类似，许多变动负载电动机一般按最大需求来生产电动机的容量，故设计裕量偏大。而在实际运行中，轻载运行的时间所占比例却非常高。如采用变频调速，可大大提高轻载运行时的工作效率。因此，变动负载的节能潜力巨大。

以电力行业为例，由于中国大面积缺电，电力投资将持续增长，同时，国家电改方案对电厂的成本控制提出了要求，降低内部电耗成为电厂关注的焦点，因此变频器在电力行业有着巨大的发展潜力，尤其是高压变频器和大功率变频器。有报告显示，仅电力行业，一年的变频器市场规模就达到了 2.5 亿元以上。由此也可以看出，变频器的节能应用前景非常广阔。

实现能源资源优化配置与合理利用是从整体上提高能效、转变经济增长方式，建设资源节约型社会的重要内容，从源头推动经济（产业）—能源（资源）—环境（生态）三者间的协调互动，其范畴包括以环境和生态为约束条件，调整优化产业结构、行业结构、企业结构、产品结构、能源消费结构和供应格局，统筹规划能源开发、运输、储存、加工、转换、燃料替代等，实现能源利用的最佳整体效益，促进经济和社会向节能型发展。

中国节能技术政策大纲中，对于变频器与节能的描述主要有："推广高效电动机和变压器，变频器和无功补偿器，特别是风机、泵用的电动机加装变频器；采用高效节能变压器，对在线变压器进行合理匹配；采用经济运行节电技术。"

通过调查发现，目前在用的主要通用设备有工业锅炉、工业窑炉、各种电动机、风机、泵、农村排灌机械、压缩机、气体分离设备、电力变压器、内燃机、汽车、拖拉机等，这些通用设备年消耗能源占全国总能耗的 50％以上，总体能源利用效率比国外先进水平低 10％～15％。因此，使用变频器调速节能的潜力非常大。

4.1.2　风机水泵的节能潜力

一般使用的风机、水泵设备额定的风量、流量，通常都超过实际需要的风量、流量，又因为工艺要求需要在运行中变更风量、流量，而目前，采用挡板或阀门来调节风量和流量的调节方式较为普遍，虽然方法简单，但实际上是通过人为增加阻力的办法达到调节目的的，这种节流调节方法浪费大量电能，回收这部分电能损耗会得到很大的节能效果。

从流体力学原理知道，离心水泵的流量与电动机转速及电动机功率有如下关系：

$$Q_1/Q_2 = n_1/n_2 ; \quad H_1/H_2 = (n_1/n_2)^2 ; \quad P_1/P_2 = (n_1/n_2)^3 \tag{4-1}$$

式中，Q_1/Q_2 为流量；H_1/H_2 为扬程；P_1/P_2 为电动机轴功率；n_1/n_2 为电动机转速。

当水流量减少水泵转速下降时，其电动机输入功率迅速降低。例如，流量下降到 80％，转速（n）也下降到 80％时，其轴功率则下降到额定功率的 51％；若流量下降到 50％，轴功率将下降到额定功率的 13％，其节电潜力非常大。

上述的原理也基本适用于离心风机，因此对风量、流量调节范围较大的风机与水泵，采用调速控制来代替风门或阀门调节，是实现节能的有效途径。图 4.1 所示为某离心泵的流量-负载曲线，从图 4.1 中可以看出变频控制时的节能效果非常显著。

驱动风机与水泵大多数为交流异步电动机（多数大功率为同步电动机），异步电动

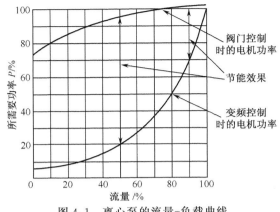

图 4.1　离心泵的流量-负载曲线

机或同步电动机的转速与电源的频率 f 成正比，改变定子供电频率就改变了电动机的转速。也就是说，变频调速装置是将电网 50Hz 的交流电变成频率可调、电压可调的交流电去驱动交流电动机实现调节速度的。

变频调速的特点是效率高，没有因调速带来的附加转差损耗，调速的范围大、精度高、无级调速。容易实现开环控制和闭环控制，由于可以利用原笼型电动机，所以特别适合于对旧设备的技术改造，它既保持了原电动机结构简单、可靠耐用、维护方便的优点，又能达到节电的显著效果，是风机、水泵节能的较理想的方法。

通过调查发现，一个厂矿企业的电费约有 70% 消耗在风机、泵类等通用机械的负载上，因此如何提高传统的负载运转效率是厂矿企业提高企业效益的一项重要工作。传统风机、泵类、空气压缩机、制冷压缩机的流量控制大部分采用调节阀门、风门挡板开启度放流或起停电动机的方式，如果能将效率提高到 95%，那么就能节省约 50% 的电费，将电动机的容量，每度电费金额及每日运转小时相乘，就可以估算出每日节省的电费金额。

同时，也发现这样的一个经验，即对水泥厂和化工厂的罗茨风机、自来水厂水泵、工厂锅炉鼓风机和引风机、酒厂和制药厂的循环水泵、中央空调的水循环泵等节能改造，一般投资回收时间为 6~16 个月，属于投资效益极佳的节能改造项目。

表 4.1 是对 100kW 的离心水泵的流量通过 3 种流量控制方法即变频器控制、输入阀门控制和输出阀门控制得出的实际耗电量，显然变频器的输出流量在低于 90% 的情况下节能效果非常显著。

表 4.1　水泵 100kW 3 种流量控制方法的耗电实测比较

流量 /%	轴功率/%	变频器控制		输入阀门控制		输出阀门控制	
		用电/kW	总损失/kW	用电/kW	总损失/kW	用电/kW	总损失/kW
100	100.0	108	8.0	106.0	6.0	107.0	7.0
90	72.9	79	6.0	84.0	11.1	103.5	30.6
80	51.2	55	3.8	72.5	21.3	99.5	48.3
70	34.3	38	3.7	68.0	33.7	95.5	60.7
60	21.6	25	3.4	64.0	42.4	89.5	67.9
50	12.5	15	2.5	60.0	47.5	84.0	71.5
40	6.4	9	2.6	56.0	49.6	77.5	71.1
30	2.7	5	2.3	52.0	47.3	71.0	68.3

图 4.2 所示为某锅炉风机采用调节挡板控制与变频调速控制两种情况下的电动机功率对比。通过电动机功率实测对比，在变频运行时有显著的节电效果。

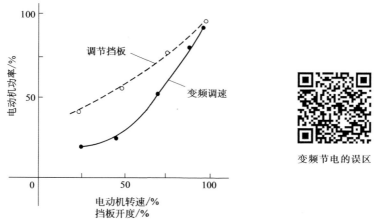

变频节电的误区

图 4.2　锅炉风机两种运行方式功率对比

4.2　给排水系统的变频器节能控制

4.2.1　给排水变频节能控制系统的应用背景

目前，变频节能控制系统在生活给水、建筑给水等各类给排水系统中应用越来越广，主要表现在以下几点。

1）变频调速给水的供水压力可调，可以方便地满足各种供水压力的需要。

在设计阶段可以降低对供水压力计算准确度的要求，因为随时可以方便地改变供水压力。但在选泵时应注意，泵的扬程宜大一些，因为变频调速器最大压力受水泵限制。最低使用压力也不应太小，因为水泵不允许在低扬程、大流量下长期超负荷工作，否则应加大变频器和水泵电动机的容量，以防止发生过载。

2）目前，变频器技术已很成熟，在市场上有很多国内外品牌的变频器，这为变频调速供水提供了充分的技术和物质基础。

变频器已在国民经济各部门广泛使用。任何品牌的变频器与变频供水控制器配合，都可实现多泵并联恒压供水。因为建筑供水的应用广泛，有些变频器设计生产厂家把变频供水控制器直接做在供水专用变频器中，从实际应用情况看专用变频器具有可靠性好、使用方便的优点。

3）变频调速恒压供水具有优良的节能效果。

由水泵—管道供水原理可知，调节供水流量，原则上有两种方法。第一种方法是节流调节，开大供水阀，流量上升；关小供水阀，流量下降。调节流量的第二种方法是调速调节，水泵转速升高，供水流量增加；转速下降，流量降低，对于用水流量经常发生变化的场合（如生活用水），采用调速调节流量，具有优良的节能效果。

4.2.2   变频器在小区恒压供水系统中的应用

1. 系统组成

小区的日常供水是随着时间而变化的，因季节、昼夜相差很大，因此用水和供水的不平衡主要表现在水压上，即用水多而供水少则水压低，用水少而供水多则水压高。传统的方式是采用水箱和水塔或气罐加压的方法，在供水质量、日常维护管理和应付意外火警等方面均显示出明显的不足。

恒压供水控制系统的基本控制策略是采用电动机调速装置与可编程序控制器（PLC）构成控制系统进行优化控制泵组的调速运行，并自动调整泵组的运行台数，完成供水压力的闭环控制。在管网流量变化时达到稳定供水压力和节约电能的目的。

在住宅小区的管网系统中，由于管网是封闭的，泵站供水的流量是由用户用水量决定的。泵站供水的压力以满足管网中压力最不利点的压力损失 ΔH 和流量 Q 为基本出发点，它们之间存在着如下关系：

$$\Delta H = KQ^2 \tag{4-2}$$

式中，K 为系数。设 H_L 为压力最不利点所需的最低压力，则泵站出口总管压力 H 应按下式关系供水，则可满足用户用水的要求压力值，又有最佳的节能效果。

$$H = H_L + \Delta H = H_L + KQ^2 \tag{4-3}$$

因此，供水系统的设定压力应该根据流量的变化而不断修正设定值，这种恒压供水技术称为变流量恒压供水，即供水系统最不利点的供水压力为恒值而泵站出口总管压力连续可调。

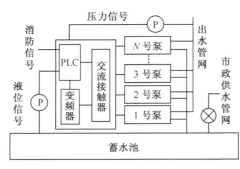

图 4.3   变频恒压供水控制系统

变频恒压供水控制系统由 PLC 控制器、触摸屏显示器、变频调速器、压力变送器、水位变送器、交流接触器和其他电控设备及泵组（水泵数量可以根据需要设置）等构成，如图 4.3 所示。在供水系统总出水管上安装压力变送器检测出水压力，在蓄水池安装液位变送器，PLC 具有模拟量输入检测模块，检测压力变送器和液位变送器输出的 4～20mA 信号，将检测的压力信号与设定的压力信号经过 PID 运算后，通过控制变频器的输出频率来调整电动机的转速，保持供水压力的恒定，这样就构成了以设定压力为基准的压力闭环系统；自动检测水池水位信号与设定的水位低限比较，输出水位低限报警信号或直接停机。该系统还有多种保护功能，可以保证正常供水，做到无人值守。

2. 工作原理

该系统有手动和自动两种运行方式。

（1）手动运行

按下按钮起动或停止水泵，可根据需要分别控制泵的起、停。该方式主要供检修及变频器故障时用。

（2）自动运行

合上自动开关后，1 号泵电动机通电，变频器输出频率从 0Hz 上升，同时 PID 调节器接收到来自压力传感器的标准信号，经运算与给定压力参数进行比较，将调节参数送给变频器，如压力不够，则频率上升，直到 50Hz，1 号泵由变频切换为工频，变频起动 2 号泵，变频器逐渐上升频率至给定值，加泵依此类推；如用水量减小，从先起的泵开始退出，同时根据 PID 调节器给定的调节参数使系统平稳运行。

若有电源瞬时停电的情况，则系统停机，待电源恢复正常后，系统自动恢复运行，然后按自动运行方式变频起动 1 号泵，直至在给定水压值上稳定运行。

变频自动运行功能是该系统最基本的功能，系统自动完成对多台泵软起动、停止、循环变频的全部操作过程，则系统的起动流程如图 4.4 所示（以 3 台泵为例）。

（3）变频与工频的切换

在本系统中，3 台电动机会相继涉及变频与工频的切换，这时必须遵守切换原则。在电

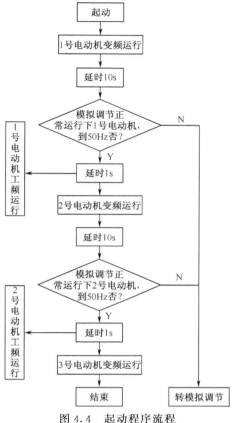

图 4.4　起动程序流程

动机由变频器供电与工频供电相互切换时，必须在变频器输出频率为零时，方可切换变频输出，即变频器不准无负载输出和开路运行，也不允许带负荷切换断电；对于从工频切回变频供电的设备，必须在电动机断电停转后方可切换，以防止因电动机旋转发电而造成变频器的损坏。

图 4.5 所示为三菱 A700 变频器工频、变频切换示意，在切换中必须注意以下问题。

1）切换过程不能在变频器有输出时断开电动机线，因为断开电感性负载时，其会产生反电动势高压，对变频器有冲击。而是让变频器惯性停车，变频器会马上停止输出再进行切换，更不能在变频器有输出时接上电动机。

2）不管是否在电动机停下来才切换，切换电流有可能同样大（相位关系），所以大功率电动机最好是让其先停下来再用软起动器起动，等以后变频器相对便宜时可用“一拖一”形式，很多企业已把变频器当软起动器用。

3）接触器经常动作，寿命短，如果触点打火或烧熔在一起，则容易损坏变频器，

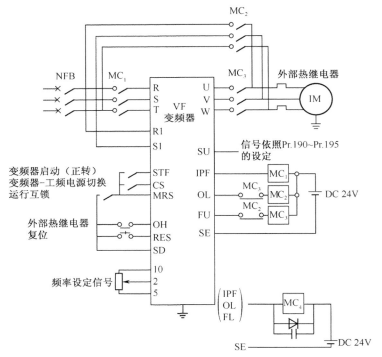

图 4.5　三菱 A700 工频、变频切换

而且通常损坏严重，所以要用质量好的接触器。

4）由于多种原因，恒压供水的变频器故障率相对比较高，当调试或维修好变频器后，一般都要到现场检查确认工频与变频切换是否有问题，否则变频器可能又会出故障。

3. 总结

在供水系统中采用变频调速运行方式，系统可根据实际设定水压自动调节水泵电动机的转速或加减泵，使供水系统管网中的压力保持在给定值，以求最大限度地节能、节水、节地、节资，并使系统处于可靠运行的状态，实现恒压供水。

由此可见，使用变频恒压给水设备，既可以很好地满足用水要求，又可以节约能源，同时还可以降低设备的运行故障，是今后推广和大力提倡的方向。

4.3　暖通空调系统的变频节能控制

4.3.1　暖通空调系统的变频节能原理

1. 节能的必要性

一般而言，空调节能技术共分 3 种：一是节能元件与节能技术的应用；二是改善空调设计，优化结构参数；三是运行中的节能控制，即变容量控制技术，特别是变频技术。

现代大厦都采用集中供冷，而分散的中央空调机组和众多的风机盘管，随时都在调节过程中，冷冻水使用量在不断变化过程中。如果没有自控措施，系统压力会很不稳定，甚至使系统不能正常工作。一般传统做法是在冷冻水的分水缸和集水缸之间加装一套压力旁通控制装置，这样做虽然也能解决压力平衡问题，但很不经济。如果改用变频调速技术来控制冷冻水循环泵的转速（即改变冷冻水流量）来跟踪冷冻水的需求量，便可以取消旁通水量，更好地解决压差平衡，并能大大地节约能源。这种控制方式就是运行中的节能控制。

中央空调是大厦里的耗电大户，每年的电费中空调耗电占 60% 左右，因此中央空调的节能改造显得尤为重要。在中央空调系统中，冷冻水泵和冷却水泵的容量是根据建筑物最大设计热负荷选定的，且留有一定的设计余量。在没有使用调速的系统中，水泵一年四季在工频状态下全速运行，只好采用节流或回流的方式来调节流量，产生大量的节流或回流损失，且对水泵电动机而言，由于它是在工频下全速运行，因此造成了能量的很大浪费。

由于设计时，中央空调系统必须按天气最热、负荷最大时设计，并且留 10%～20% 设计余量，然而实际上绝大部分时间空调是不会运行在满负荷状态下，存在较大的富余，所以节能的潜力就较大。其中，冷冻主机可以根据负载变化随时加载或减载，冷冻水泵和冷却水泵却不能随负载变化作出相应调节，存在很大的浪费。

水泵系统的流量与压差是靠阀门和旁通调节来完成，因此，不可避免地存在较大截流损失和大流量、高压力、低温差的现象，不仅大量浪费电能，而且还造成中央空调最末端达不到合理效果的情况。为了解决这些问题需使水泵随着负载的变化调节水流量并关闭旁通。

另外由于水泵采用的是 Y-△起动方式，电动机的起动电流均为其额定电流的5～7 倍，一台 90kW 的电动机其起动电流将达到 500A 以上，在如此大的电流冲击下，接触器、电动机的使用寿命大大下降，同时，起动时的机械冲击和停泵时水锤现象，容易对机械散件、轴承、阀门、管道等造成破坏，从而增加维修工作量和备品、备件费用。

综合以上原因，为了节约能源和费用，需对水泵系统进行改造，以便达到节能和延长电动机、接触器及机械散件、轴承、阀门、管道的使用寿命的目的。

2. 冷冻（媒）水泵系统的闭环控制

冷冻（媒）水泵系统的闭环控制主要有以下两种情况。

（1）制冷模式下冷冻水泵系统的闭环控制

该方案在保证最末端设备冷冻水流量供给的情况下，确定一个冷冻泵变频器工作的最小工作频率，将其设定为下限频率并锁定，变频冷冻水泵的频率调节是通过安装在冷冻水系统回水主管上的温度传感器检测冷冻水回水温度，再经由温度控制器设定的温度来控制变频器的频率增减，控制方式是：冷冻回水温度大于设定温度时频率无极上调。

（2）制热模式下冷冻水泵系统的闭环控制

该模式是在中央空调中热泵运行（即制热）时冷冻水泵系统的控制方案。同制冷模式控制方案一样，在保证最末端设备冷冻水流量供给的情况下，确定一个冷冻泵变频器工作的最小工作频率，将其设定为下限频率并锁定，变频冷冻水泵的频率调节是通过安装在冷冻水系统回水主管上的温度传感器检测冷冻水回水温度，再经由温度控制器设定的温度来控制变频器的频率增减。不同的是：冷冻回水温度小于设定温度时频率无极上调，当温度传感检测到的冷冻水回水温度越高，变频器的输出频率越低。

3. 冷却水系统的闭环控制

目前，在冷却水系统进行改造的方案最为常见，节电效果也较为显著。该方案同样在保证冷却塔有一定的冷却水流出的情况下，通过控制变频器的输出频率来调节冷却水流量，当中央空调冷却水出水温度低时，减少冷却水流量；当中央空调冷却水出水温度高时，加大冷却水流量，从而在保证中央空调机组正常工作的前提下达到节能增效的目的。

现有的控制方式大都先确定一个冷却泵变频器工作的最小工作频率，将其设定为下限频率并锁定，变频冷却水泵的频率是取冷却管进、出水温度差和出水温度信号来调节，当进、出水温差大于设定值时，频率无极上调，当进、出水温差小于设定值时，频率无极下调，同时当冷却水出水温度高于设定值时，频率优先无极上调，当冷却水出水温度低于设定值时，按温差变化来调节频率。进、出水温差越大，变频器的输出频率越高；进、出水温差越小，变频器的输出频率越低。

4. 送风机的节能控制

在中央空调系统中冷暖的输送介质，通常是水在末端将与热交换器充分接触的清洁空气由风机直接送入室内，从而达到调节室温的目的。在输送介质水温度恒定的情况下，改变送风量可以改变带入室内的制冷热量，从而较方便地调节室内温度，这样便可以根据自己的要求来设定需要的室温调整风机的转速，可以控制送风量。使用变频器对风机实现无级变速在变频的同时，输出端的电压亦随之改变，从而节约了能源，降低了系统噪声，其经济性和舒适性是不言而喻的。

在室内适当的位置安装手动调节控制终端调速电位器 VR，并将运行开关 KK 置于控制终端盒，内变频器的集中供电由空气开关控制，需要送电时在配电控制室直接操作调整频率设定电位器 VR，可以改变变频器的输出频率，从而控制风机的送风量关闭时断开。此方式成本低廉、随意性强。

当室外温度变化或者冷/暖输送介质温度发生改变时可能造成室温随之改变。

对环境舒适度要求较高的消费群体则可以采用自动恒温运行方式，选择内置 PID 软件模块的变频器控制终端的方式，手动方式电位器用来设定温度而不是调整频率变频器，通过采集来自反馈端的温度测量值与给定值作比较送入 PID 模块，运算时自动改变输出频率，调整送风量达到自动恒温运行。

送风机的分布可能不是均匀的，对于稍大的室内空间则可以采集区域温度平均法策略调节送风量以满足特殊需要量场所。

5. 中央空调制冷系统的特点

（1）制冷系统节能指标

制冷系统的节能指标，意指在规定的参数，例如，冷水机组冷冻水进、出水温度，冷却水进、出水温度，室内外环境空气的温度、湿度等，在这些条件下，每生产 1kW 的制冷量所耗用能量应为最小，按目前的节能指标：每生产 1kW 制冷量的耗电量不得大于 0.213kW。

然而，空调的制冷系统仅仅考虑在设计工况下，即在满负荷条件下运行时的能耗指标是不够的，还应考虑空调制冷系统在部分负荷下运行的节能问题。

（2）空调制冷系统在部分负荷下运行的概率

一般空调制冷系统的设计都是以最大负荷为设计工况，但在实际运行中，综合所有的因素与设计工况相符合的情况是比较少的，因此空调制冷系统常常会在部分负荷下运行。据统计，空调制冷系统在满负荷情况下运行只占 20%～30%，70%～80% 的时间是在部分负载运行。这就给空调设计工程师们提出了一个新问题，在部分负荷运行情况下，如何设计才能使空调制冷系统符合节能的原则。这比在设计工况下提出能耗指标更为重要。

（3）离心式冷水机组运行时的节能特性

离心式冷水机组的工作效率，除了考虑离心式压缩机本身的效率外，还与冷凝器和蒸发器的换热效率有关，所以判断离心式冷水机组的效率应该判断离心式压缩机及冷凝器和蒸发器的综合效率，这就为离心式冷水机组在部分负荷情况下的运行如何节能创造了条件。从各厂家离心式冷水机组运行特性曲线看，发现各种系列冷水机组特性曲线基本相同，差别很小。以美国约克公司生产的制冷量 650Rt/h 的离心式冷水机组特性曲线为例，在部分负荷运行，节能情况如表 4.2 所示。

表 4.2　650Rt/h 的离心式冷水机组的节能情况

负荷率/%	制冷量/（Rt/h）	耗能量/kW	耗电指标/（kW/Rt）
100	650	429	0.660
90	585	355	0.607
80	520	296	0.569
70	455	250	0.549
60	390	213	0.546
50	325	182	0.560
40	260	158	0.608
30	195	134	0.687
20	130	109	0.838
13	85	93	1.094

从表 4.2 所列的数据可以看出负荷在 100%～40% 时，随着负荷的下降，每产生 1kW 冷量的耗电比满负荷时少，而负荷在 10%～40% 时，随着负荷的下降每产生 1kW 冷量的耗电均比满负荷大，因此，为了节能必须将冷水机组控制在 100%～40% 运行。

6. 其他供暖和通风

除了制冷之外，暖通空调系统中还包含了大量的供暖或通风设备，其变频节能控制原理基本与制冷相同。

4.3.2 中央空调系统中的循环泵节流变频控制

1. 循环泵的节流变频控制系统

循环泵的节流变频控制系统必须要做到压差检测的合理性，如图 4.6 所示。具体做法是：在供水管和回水管之间加装一只压差传感器，将压差数值转换成 4～20mA 的标准信号，送到变频器的模拟量输入端，经变频器的数据处理系统计算并与设定压力值比较后，给出比例调节（PID）后的输出频率，以改变水泵电动机的转速来恒定供回水管之间压差的目的，形成一个完整的闭环控制系统。当管道用水量加大时，管道压差会有所下降，自控环节令变频器输出频率有所上升，电动机转速随即上升，使管道压差回升至设定值；反之，频率会降低，管道压差相应回落，最终达到供回水压差恒定的目的。而使空气处理器两侧压差恒定，空气处理器就有效供暖或制冷，不至于采用节流技术后出现制冷或供暖效果不足的状况。

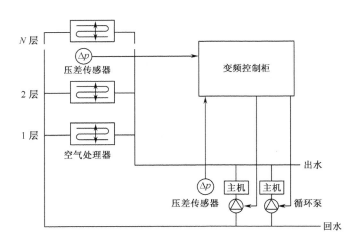

图 4.6 循环泵的节流变频控制系统

2. 多台循环泵的变频控制过程

一般的中央空调系统都可由多台循环水泵组成，这时要实现多泵循环控制可以再配置一台智能控制器（或 PLC 或单片机），实现一台变频器多泵联用等。其中图 4.7 所示是三泵联用的简图。

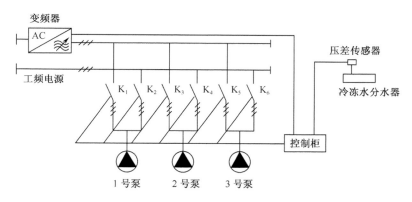

图 4.7 三泵连用

当给出起泵指令后，K_1 接通 1 号泵，使其变频软起动；若工作频率升至 50 Hz 管道压差未达到设定值，一定延时后，会自动快速切断 K_1 接通 K_2，将此泵切入工频电路运行，并自动接通 K_3，使 2 号泵接入变频起动并运行，跟踪管道压差的设定值，如 2 号泵工作频率上升至 50 Hz 仍达不到设定压差时，则同样顺序起动 3 号循环泵。相反的过程是当冷冻水用水量下降时，管道压差会有所提高，自然是要求降低频率，当频率降低到一定值（如 10 Hz）则经一定延时会自动切出上一台运行在工频上的循环泵，如果输出的频率再一次低到 10 Hz，则再切出一台运行在工频的循环泵。总之，始终保持有一台循环泵运行在变频状态。由于是循环控制泵的起停顺序，因而泵的使用率也是均匀的。相应冷冻机组的冷却水循环泵也可类似控制。由于所有的泵都是软起动，所以节省了减压起动器等，且压差旁通控制装置也被省去，因此初装费用已可以和装压差平衡阀的方案相比较，更何况变频调速还具有可观的长期节省运行费用的经济效益。

4.3.3 中央空调变频风机的控制方式

1. 系统介绍

目前的中央空调系统中，变频风机正在被广泛使用，其有如下突出的优点：节能潜力大，控制灵活，可避免冷冻水、冷凝水上顶棚的麻烦等。然而变频风机系统需要精心设计、精心施工、精心调试和精心管理，否则有可能产生诸如新风不足、气流组织不好、房间负压或正压过大、噪声偏大、系统运行不稳定、节能效果不明显等一系列问题。

中央空调
变频风机

2. 变频风机的静压 PID 控制方式

送风机的空气处理装置是采用冷热水来调节空气温度的热交换器，冷、热水是通过冷、热源装置对水进行加温或冷却而得到的。大型商场、人员较集中且面积较大的场所常使用此类装置。图 4.8 给出了一个空气处理装置中送风机的静压控制系统。

在第一个空气末端装置的 75%～100% 处设置静压传感器，通过改变送风机入口的

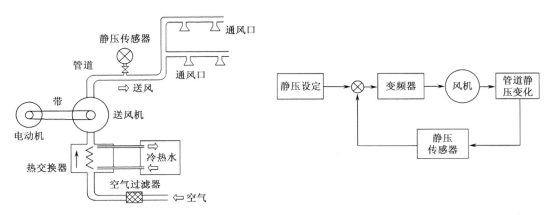

图 4.8 中央空调送风机的静压控制

导叶或风机转速的办法来控制系统静压。如果送风干管不只一条，则需设置多个静压传感器，通过比较，用静压要求最低的传感器控制风机。风管静压的设定值（主送风管道末端最后一个支管前的静压）一般取 250～375Pa。若各通风口挡板开启数增加，则静压值比给定值低，控制风机转速增加，加大送风量；若各通风口挡板开启数减少，静压值上升，控制风机转速下降，送风量减少，静压又降低，从而形成了一个静压控制的PID 闭环。

在静压 PID 控制算法中，通常采用两种方式，即定静压控制法和变静压控制法。定静压控制法是系统控制器根据设于主风道 2/3 处的静压传感器检测值与设定值的偏差、变频调节送风机转速以维持风道内静压恒定。变静压控制法即利用 DDC 数据通信技术，系统控制器综合各末端的阀位信号，来判断系统送风量盈亏，并变频调节送风机转速，满足末端送风量的需要。由于变静压控制法在部分负荷下风机输出静压低，末端风阀开度大、噪声低，风机节能效果好，同时又能充分保证每个末端的风量需要。

控制管道静压的好处是有利于系统稳定运行并排除各末端装置在调节过程中的相互影响。此种静压 PID 控制方式特别适合于上下楼或被隔开的各个房间内用一台空气处理装置和公用管道进行空气调节的场合，如商务大厦的标准办公层都得到了广泛的应用。

3. 变频风机的恒温 PID 控制方式

在室内空调有诸如舒适性等要求较高而空间又不是太大的空调区域内，可以使用恒温控制（图 4.9）。恒温控制中必须注意以下几个方面：

1）温控系统的热容量比较大，控制指令发出后，不是瞬间响应，响应速度慢。

2）外界条件如气温、日照等对温控系统的影响很大。

3）因为控制对象为气体，温度检测传感器的安装位置非常重要。

本控制方式利用了变频器内置的 PID 算法进行温度控制，当通过传感器采集的被测温度偏离所希望的给定值时，PID 程序可根据测量信号与给定值的偏差进行比例

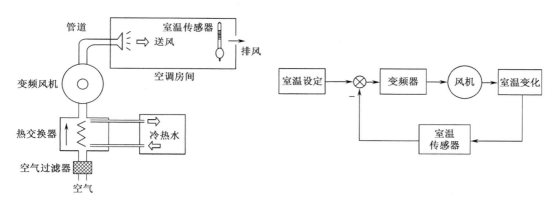

图 4.9　变频风机的恒温控制

（P）、积分（I）、微分（D）运算，从而输出某个适当的控制信号给执行机构（即变频器），提高或降低转速，促使测量值室温恢复到给定值，达到自动控制的效果。比例运算是指输出控制量与偏差的比例关系。积分运算的目的是消除静差。只要偏差存在，积分作用将控制量向使偏差消除的方向移动。比例作用和积分作用是对控制结果的修正动作，响应较慢。微分作用是为了消除其缺点而补充的。微分作用根据偏差产生的速度对输出量进行修正，使控制过程尽快恢复到原来的控制状态，微分时间是表示微分作用强度的单位。

恒温控制中必须要注意 PID 的正作用和反作用，也就是说在夏季（使用冷气）和冬季（使用暖气）是不一样的。在使用冷气中，如果检测到的温度高于设定温度时，变频器就必须加快输出频率；而在使用暖气中，如果检测到温度高于设定温度时，变频器就必须降低输出频率。因此，必须在控制系统增设夏季/冬季切换开关以保证控制的准确性。

4．变频风机的多段速变风量控制方式

在大型的空调大楼中，由于所需要的空气量是随着楼内人数及昼夜大气温度的变化而不同，所以相应地对风量进行调节可以减少输入风扇的电能并调整主机的热负载。人少时，如星期六、星期日、节假日，空气需求量少。所以考虑这些具体情况来改变吸气扇转速，控制进风量，可减少吸气扇电动机的能耗，同时还可以减轻输入暖气时锅炉的热负载和输入冷气时制冷机的热负载。

图 4.10 所示为某大楼在不同的工作时段内（平时、周六、周日或节假日）的风量需求量，该风量必须根据二氧化碳浓度等环境标准来确定最少必需量。由于通常在设计中都留有一定的余量，因此可以按高速时 86％、中速时 67％、低速时 57％的进风量来进行多段速控制。

该控制方式是基于对风量需求进行经验估算的基础上进行的程序控制。

如在某地铁线的车站内安装有 2 个体积小巧的可开启表冷器和 4 台变频风机，整个系统由计算机控制。工作人员首先按照地铁客流峰谷表编好调温程序，控制风机

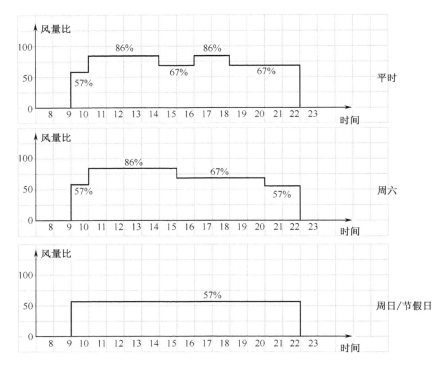

图 4.10　变频风机的多段速控制

转速：高峰时车站温度高，变频风机吹出较大风量；人少时车站里温度相对较低，风机风量较小，从而站台的温度可控制在 29℃，站厅温度控制在 30℃，乘客舒适度大为提高。

5.　总结

变频风机的控制方式直接影响到中央空调系统的运行效果，在不同的使用场合中，只有采用合理的控制方式才能获得更高的节能效果与更好的舒适度，这里所提出的静压 PID 控制方式、恒温 PID 控制方式和多段速控制方式只是其中的几种有效方式。

4.4　工厂变频节能案例

4.4.1　螺杆空气压缩机的变频节能改造

1.　概述

如图 4.11 所示的螺杆式空气压缩机广泛地应用于工业生产中。以单螺杆空气压缩机为例说明空气压缩机工作原理，如图 4.12 所示为单螺杆空气压缩机的结构原理图。螺杆式空气压缩机的工作过程分为吸气、密封及输送、压缩、排气四个过程。当螺杆在壳体内转动时，螺杆与壳体的齿沟相互啮合，空气由进气口吸入，同时也吸入机油，由于齿沟啮合

变频控制系统
的优点

面转动将吸入的油气密封并向排气口输送；在输送过程中齿沟啮合间隙逐渐变小，油气受到压缩；当齿沟啮合面旋转至壳体排气口时，较高压力的油气混合气体排出机体。

图 4.11 螺杆空气压缩机的外观

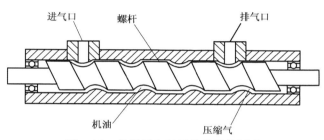

图 4.12 单螺杆空气压缩机结构原理

工厂空气压缩机供气系统一般由空气压缩机、冷干机、过滤器、储气罐等组成。如图 4.13 所示为压缩机供气系统组成示意图。

在工厂的空气压缩机控制系统中，普遍采用后端管道上安装的压力继电器来控制空气压缩机的运行。空气压缩机起动时，加载阀处于不工作状态，加载气缸不动作，空气压缩机机头进气口关闭，电动机空载起动。当空气压缩机起动运行后，如果后端设备用气量较大，储气罐和后端管路中压缩气压力未达到压力上限值，则控制器动作加载阀，

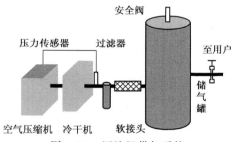

图 4.13 压缩机供气系统

打开进气口，电动机负载运行，不断地向后端管路产生压缩气。如果后端用气设备停止用气，后端管路和储气罐中压缩气压力渐渐升高，当达到压力上限设定值时，压力控制器发出卸载信号，加载阀停止工作，进气口关闭，电动机空载运行。

2. 空气压缩机的变频改造

空气压缩机电动机功率一般较大，起动方式多采用空载（卸载）星-三角起动，加载和卸载方式都为瞬时。这使得空气压缩机在起动时会有较大的起动电流，加载和卸载时对设备机械冲击较大；不光引起电源电压波动，也会使压缩气源产生较大的波动；同

时，这种运行方式还会加速设备的磨损，降低设备的使用年限。对空气压缩机进行变频改造，能够使电动机实现软起软停，减小起动冲击，延长设备使用年限；由于电动机运行频率可变，实现了空气压缩机根据用气量的大小自动调节电动机转速，减少了电动机频繁的加载和卸载，使得供气系统气压维持恒定，在一定程度上节约了电能。

改造方法：改造螺杆空气压缩机的变频器是在螺杆机电控系统的基础上，用变频系统替代原有的起动、运行控制系统，同时保留原系统，使两套系统互为备用，增加系统运行的可靠性。改造时需增加工、变频转换功能。在系统运行前，将主回路和控制回路各转换开关切换至相应的变频和工频位置上。

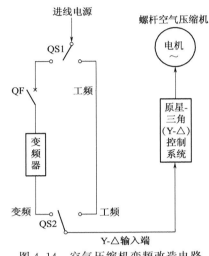

图 4.14　空气压缩机变频改造电路

具体电气接法为：主回路增加三个三刀双掷开关 QS1、QS2 和 QS3（QS3 仅 JR 电动机适用）作为主回路的切换装置，三相电源、定子线圈、JR 型电动机转子线圈分别接至相应开关刀位置。如图 4.14 所示空气压缩机主回路变频、工频切换原理图。图中所有开关切换至变频位置时，三相电源经双掷开关 QS1、自动空气开关 QA 接至变频器输入端子（R、S、T），变频器输出端子（U、V、W）经双掷开关 QS2 接至原 Y-△ 输入端。所有开关切换至工频位置时，三相电源经 QS1、QS2 接 Y-△ 输入端。

4.4.2　起重机主电机的变频改造

1. 背景介绍

随着我国建筑行业的不断发展，建筑施工机械化水平的不断提高，对起重机的制造质量和整机技术水平的要求也越来越高。起重机的各个传动机构所采用的方式、控制系统的技术水平、用户的可操作性和可维护性基本上可体现整个起重机的技术水平和档次。而在这几个机构中，最为重要也是最具有技术代表性的是起升电动机机构，它控制功率最大、调速范围最宽、出故障后的维修难度也最大，而且该系统在变速过程所产生的机械冲击的大小将直接影响起重机结构件的疲劳损伤程度。

鉴于以上原因，国内外的专业生产商在起重机的起升调速方式上进行了较多的新技术应用尝试，比如采用多极电动机的调压调速，引进变频调速等。逐渐地，随着变频技术的不断发展，不断地被人们认识，它以绝对的优势超越了其他的任何调速方案，其优点数不胜数，如：零速抱闸，对制动器无磨损；任意低的就位速度，可用于精确吊装；速度的平滑过渡，对机构和结构件无冲击，提高了起重机的运行安全性；极低的起动电流，减轻了用户电网扩容的负担；几乎任意宽的调速范围，提高了起重机的工作效率；节能的调速方式，减少了系统运行能耗；单速的笼型电动机保证了机构的运行可靠性庞。正是因为这些明显的特点和优势，国外的起重机制造商所推出的新一代起重机的起升机构也大多采用变频调速方案，如 POTAIN、LIEBHERR 等世界著名公司。

2. 项目实施

如图 4.15 所示为某起重机的主电机，即起升电动机机构图。已知该电动机功率为 30kW，采用三相交流电电磁制动器，请按照以下要求进行设计：起动时，先产生力矩，再打开制动器，进行多段速控制调速；停机时，先运行到零速，再制动。

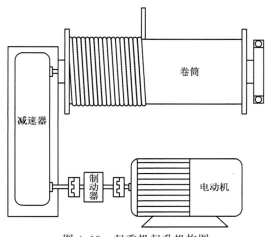

图 4.15　起重机起升机构图

（1）熟悉常规变频起升机构的设计要点

现在的变频起升机构其电气控制原理和结构形式大多如图 4.16 所示，它基本代表了国内和国外目前所采用的典型方案，从技术上来讲，大同小异，不同之处有以下几点。

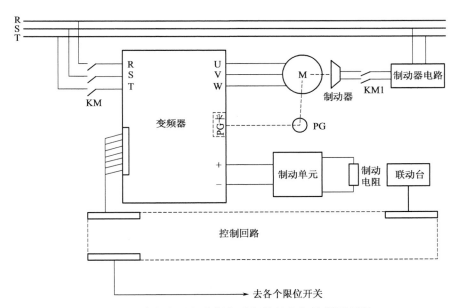

图 4.16　常规起重机变频起升机构的电气控制原理图

1）变频器的品牌不同，其采用的控制回路不同。

2）系统是开环（不带 PG）或者是闭环（带 PG）。

3）机械结构的形式不一样：L 型布置、n 型布置或一字型布置等。

4）减速机的类型不一样，如圆柱齿轮减速机或行星减速机；是定速比或可变速比等。

在选择电动机功率时，应参考图 4.17 给出的功率损失图。根据以上条件就能基本确定减速机的减速比与电动机功率和极数。

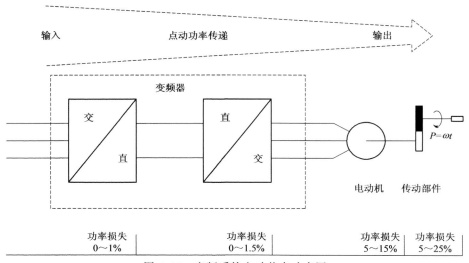

图 4.17　变频系统电动状态功率图

（2）熟悉电控系统的设计

1）变频器的选取。当系统的电动机确定后，就可着手进行控制系统的设计。首先是变频器的选型。现在市场上的国内外变频器品牌不少，控制水平和可靠性差别较大，技术上大体可分为 V/F 控制、矢量控制和 DTC 直接转矩控制三种。用于起重机的起升机构，建议最好选用具有矢量控制功能或者是具有 DTC 直接转矩控制功能的变频器，这样的变频器品牌较多，设计者可根据自己的熟悉程度、技术支持力度、其他行业厂的使用情况等因素来选择。

由于变频器品牌的不同，相同功率下变频器的过载能力和额定电流值也不完全一致。所以，选择变频器容量时，不单要看额定功率的大小，还要校核额定工作电流是否大于或者等于电动机的额定电流，一般的经验是选择变频器的功率在电动机功率的 10%～30%。

2）能耗电阻的选取。作为起重用变频系统，其设计的重点在于电动机处于回馈制动状态下的系统可靠性，因为这种系统出故障往往都发生在重物下降时的工况，如溜钩、超速、过压等。也就是说重物下降工况时变频系统的性能好坏将直接影响整个起升机构能否安全运行。

从图 4.18 中可以看出，重物的下降功率是经"传动部件"、"电动机"（此时处于发电状态）、变频器内的反向整流回路再由制动单元而传递到"电阻 R"上的，如果传动环节的反向效率越低，电阻上消耗的功率就越小。

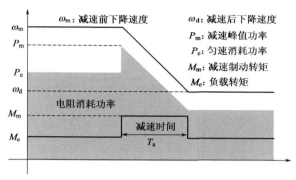

图 4.18　下降减速状态

于是有

　　　　"电阻 R"发热消耗功率＋传递路径上消耗的功率＝重物下降的功率

进一步还可得到电阻消耗功率 P 的表达式。在匀速下降时稳态功耗为

$$P_e = \omega_m \times M_e \times \delta \tag{4-4}$$

式中，δ 是传动系统的反向效率。

减速时的峰值功耗为

$$P_m = P_e + \delta \times J \times (\omega_m - \omega_d)/T_a \tag{4-5}$$

式中，J 是传动系统的转动惯量。

结合式（4-4）和式（4-5），可得：

① 当起升机构运行在额定功率状态并高速下降时，如果此时给出减速指令，在减速的初期，电阻的消耗功率将达到最大值。

② 过短的减速时间，将造成在电阻上的消耗功率峰值上升。

③ 系统的转动惯量和载荷越大，减速时的制动转矩就越高，也会造成在电阻上消耗功率的峰值上升。

④ 当传动系统的机械效率越低，电阻消耗功率也越低。

可见，要准确地计算电阻消耗功率，就必须知道传动系统中各个部件的转动惯量，减速点对应的起始工作速度和结束工作速度，减速过程的时间长短以及系统载荷大小等。

3）控制方案的确定。首先是系统采用开环或闭环控制的选择，一般的起重机起升机构可以采用开环控制方式，那些对速度控制精度要求较高的情况才要考虑闭环控制。如果要构成闭环系统，一定要有 PG（编码器）、检测回路和连接线。这些环节加大了安装的复杂性；增加了系统成本；更重要的是降低了系统的可靠性，因为在闭环系统中，反馈回路任何细小的差错可能造成系统紊乱。

其次是速度给定方式的选取，绝大多数的变频器都有多种速度输入方式，如多级开关量输入方式和模拟量给定方式，不少品牌的变频器还具备有总线通信接口。对于常规变频起升机构，大多采用开关量作为速度给定，不同之处在于是采用 PLC 还是继电逻辑控制。传统上认为最为简洁的系统结构应该是由 PLC 与变频器通信接口传送速度与控制指令，这样控制柜内的连接线最少。

（3）硬件设计

起重机主电机的变频硬件设计如图 4.19 所示。它包括两部分的内容：变频器与制动单元、制动电阻的连接。起重机变频器 30kW，采用外置制动单元 FR-BU 和制动电阻 FR-BR，并将制动单元的故障继电器输出、制动电阻的过热保护输出与变频器起动回路接在一起；机械制动器的连接。采用变频器输出 ABC1 的功能（即制动器开放要求）与三相输入机械制动器的接触器相连，以确保起重机设备的安全运行。

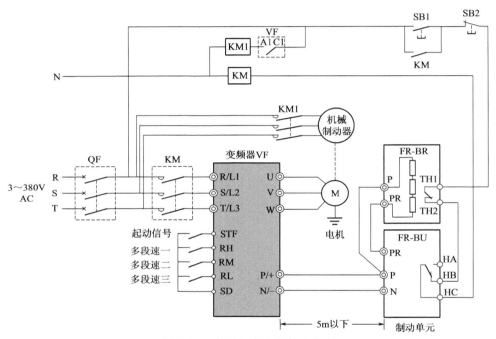

图 4.19 起重机主电机制动接线

4.4.3 卧螺离心机的变频节能

1. 设备概况

卧式螺旋卸料沉降离心机（简称卧螺离心机）按流动方式分可分为逆流式和并流式两种；按分离相数分可分为两相分离型和三相分离型；按结构划分又可分为普通型、防爆型和密闭型三种。它是一种使用面很广的离心机，主要用于获得较干的滤饼（固相脱液）或较清的分离液（液相澄清）。

该离心机利用悬浮液中固、液相密度差，在转鼓高速旋转所产生的离心力场中使固相迅速沉降于转鼓壁，从而使固液两相分离。转鼓前方设计有一个锥段，根据物料性质的不同，按照设定的速度高速旋转，物料在转鼓内壁以设计速度旋转，沿着转鼓壳体形成一同心液层，称为液环层。物料内所含的固体在离心力的作用下沉积到转鼓壁上，再通过螺旋的运转将干物料推出转鼓。转鼓的运转速度直接决定分离因数，而螺旋的速差则直接影响被输送到转鼓外的固体含水率。它对处理量、停留时间和固体排出都有直接影响。

如图 4.20 所示，离心机起动后，悬浮液（物料）由进料管加入螺旋内筒，进而流入转鼓，在离心力作用下固相沉降到转鼓壁上，由螺旋输送器将其推向转鼓小端从出渣口排出，澄清的液体从转鼓大端的溢流口溢出。离心机连续进料、连续分离、分离液和沉渣分别连续排出。

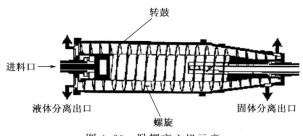

图 4.20　卧螺离心机示意

2. 卧螺离心机的节能

在驱动方式上，卧螺离心机产品国内与国外有较大的差异。国内离心机驱动方式通常较为单一，采用最多的驱动方式为双电机结构，即一台电机（通常为变频电机）通过皮带直接驱动转鼓产生转动，另一台电机通过减速器（差速器）驱动螺旋。根据离心机的工作原理，图 4.21 中主电机处于电动机状态，副电机处于发电机状态。

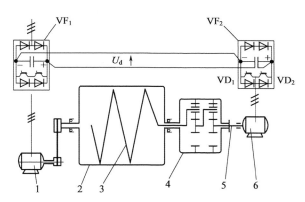

图 4.21　卧螺离心机双变频驱动结构

VF1—主变频器；VF2—副变频器；1—主电机；2—转鼓；
3—螺旋；4—差速器；5—差速器小轴；6—副电机

对于卧螺离心机的双电机驱动，一种方法是用普通变频器驱动副电机，再生能量以热能的形式消耗在制动电阻上；另一种方法是，使用带有能量回馈单元的专用变频器驱动，可将再生的电能回送到交流电网，如富士公司的 RHR 系列能量回馈装置，ABB 公司的 ACS811 系列变频器，但价格贵，只在少数场合获得应用（如轧钢、矿山）。

随着电力电子技术的快速发展，近年来变频器的性能价格比大大提高，共母线双电机双变频器驱动在卧螺离心机上广泛应用，即主、副电机各用一台普通变频器驱动，其直流母线用适当的方式并接，较好地解决了这个问题，在能源日益紧缺的今天，有特别重要的意义。

（1）工作过程

由电机学知道，电动机处于再生制动状态的基本特征是：电动机的转子转速超过同步转速 $n > n_0$ 并且二者方向相同，工作点沿着机械特性曲线从第 1 象限向第 2 象限移动，这时，电机产生的电磁力矩的方向和转子转向相反，图 4.22 中，A 点对应的电磁力矩 T_L 是制动力矩，用来使离心机螺旋产生足够的推料力矩，其大小是螺旋推料力矩的 i 分之一（i 是差速器速比）。

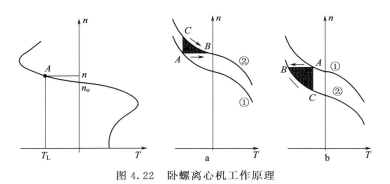

图 4.22　卧螺离心机工作原理

回馈到电网的定子电流有功分量经图 4.21 中 VD_1 和 VD_2 全波整流，加到直流母线上，由于主、副变频器的母线并接，该能量就被主电机利用，使母线电压 U_d 维持在 610V 以内，共母线双电机双变频节能建立在此基础上。

（2）差转速的调节

由于螺旋担负着将沉积在转鼓内壁的干泥推出转鼓的使命，因此，差转速的快慢直接影响到离心机的产量和分离效果。差转速计算公式为

$$\Delta n = (n_{鼓} - n_{臂})/i \tag{4-6}$$

式中，Δn 为差转速，单位 r/min；$n_{鼓}$ 为转鼓转速，单位 r/min；$n_{臂}$ 为差速器小轴转速，单位 r/min；i 为差速器速比。

由上式可以看出，由于转鼓转速和差速器速比一般固定不变，因此，调节转臂转速即可调节差转速。

差转速的调节是通过改变副变频器输出频率实现的。调节过程如下。

设要减小差速，则增加输出频率，在频率刚刚增加的瞬间，由于机械惯性的原因，转速不可能突变，但机械特性已由曲线 1 变为曲线 2，工作点由 A 点跳到 B 点，由于 B 点制动转矩小于 A 点，电机加速，工作点沿着曲线 2 向左移动，在 C 点，力矩重新

达到平衡，电机稳定运行在升高的转速上。图 4.22 中有阴影区域是过渡过程。增加差速的过程见图 4.22。

不难看出，当调速范围较大时，副电机短期将运行于电动机状态。

（3）节能效果

副电机处于发电状态的必要条件是在气隙中建立主磁场，只有这样才能在绕组中感应工作电势，才能在 $n > n_0$ 的条件下，向网路输送有功电流。但是，副电机本身并不产生建立磁场所需要的激磁无功电流，它将继续从变频器吸取作为电动机工作时同样的空载励磁电流。

本 章 小 结

本章主要阐述了变频器的节能应用，即通过变频调速技术及其优化控制技术实现"按需供能"，在满足生产机械速度、转矩和动态响应要求的前提下，尽量减少变频装置的输入能量，这个对于离心风机和水泵尤其重要。给排水系统、暖通空调系统、注塑机等都大量使用了风机和水泵，因此通过 PID 控制等方式在工艺允许的范围内可以大幅度降低输出频率，从而节省了大量能源。

通过对本章的学习，需要掌握以下知识目标和能力目标。

知识目标：

1. 掌握变频器节能的两种方式；
2. 掌握离心风机和水泵能大量节能的原理；
3. 掌握变频器 PID 控制在给排水控制、暖通空调中的应用；
4. 掌握注塑机变频控制的原理与应用；
5. 掌握变频器在家电中的简单应用。

能力目标：

1. 能够合理配置变频器的 PID 工艺参数，并设计节能途径；
2. 能够正确选择不同工况下变频器节能工作方式；
3. 能够正确设置给排水变频控制的切换方式；
4. 能够对暖通空调系统的变频器应用做合理设计；
5. 能够针对注塑机的应用情况选择变频器型号；
6. 能够对变频家电的原理进行现场模拟。

▮▮▮▮▮▮▮▮▮▮▮▮▮▮▮▮　思考与练习题　▮▮▮▮▮▮▮▮▮▮▮▮▮▮▮▮

4.1　试列举几种常见的离心泵，并阐述变频器在离心泵上的节能原理，如图 4.23 所示。

4.2　在锅炉设备中，给水泵系统通过向锅炉不间断供水，以保证锅炉的正常运行。图 4.24 所示为锅炉给水示意图，试用恒压控制来实现变频节能，该如何设计？

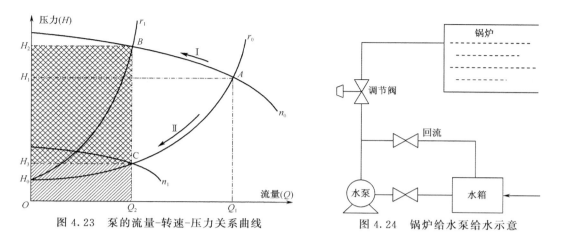

图 4.23　泵的流量-转速-压力关系曲线　　　图 4.24　锅炉给水泵给水示意

4.3　在硫酸生产过程中，需要对水冷极板进行冷却，冷却水循环泵是硫酸生产工艺中的重要设备，过去冷却水循环泵均不调速，利用出口阀门来控制水流量和管网压力，现采用变频器进行节能改造（图 4.25）。已知 3 台循环泵的功率皆为 90kW，请选择合适的控制方式和变频器。

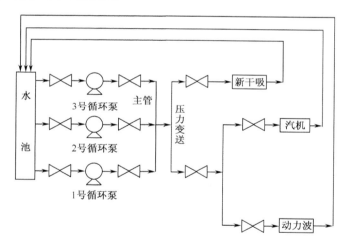

图 4.25　硫酸厂冷却水循环泵工作原理

4.4　根据变频风机的控制方式，分别设计 3 种线路图，变频器型号可以自由选择。

4.5　图 4.26 所示为中央空调系统的构成，主要分为冷冻主机、冷冻水（热水）循环系统、冷却水循环系统。现需要设计一个智能变频柜，用以控制冷冻水（热水）回路的压力和冷却水回路的温差。请尝试使用变频器和 PLC 来设计该暖通空调节能系统。

4.6　阐述注塑机的工作原理及变频节能的控制方式。

4.7　阐述变频家电的优点，并列举出你身边变频家电的工作原理。

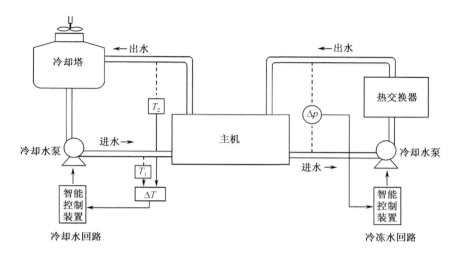

图 4.26　中央空调水循环控制原理

变频器的维护经验

【内容提要】

　　变频器已经在重工业、轻工业、公用事业和民用产品中占据了重要地位，随之而来的便是在日常运行期间所出现的各种各样的故障现象。本章主要针对在生产中所遇到的变频故障或报警加以分析并提出合理解决办法，从而使生产得到了保障，对变频器的长期有效运行起到了重要作用。

　　变频器的故障或报警的排除可以采取参数设置、硬件更换和软件处理的方式进行，本章对最常见的过压、过流、过载、通信故障等进行详细的分析和讲解。

5.1　变频器维护基本要点

5.1.1　变频器故障或报警的分类

　　一般来说，变频器故障或报警可以分为变频器故障或报警、变频器接口故障和电动机故障 3 种，也可以分为有显示故障或报警代码和没有显示故障代码两种。

　　本章使用了以下 3 种故障或报警排除方式。

　　1. 参数设置（用 ☞ 符号代替）

　　变频器操作面板是最重要的人机操作界面，它不仅能够实现参数的输入功能，还能实现频率、电流、转速、线速度、输出功率、输出转矩、端子状态、闭环参数、长度等物理量，以及对这些物理量进行在线存储与修改及变频器故障的基本信息，所有这些都可以为变频器的故障排除提供必要的信息。图 5.1 所示为三菱和艾默生变频器的操作面板。

　　变频器一旦检测到故障信号，即进入故障报警显示状态，闪烁显示故障代码（图 5.2 所示的 E.OC1 加速过流故障和 E008 输入侧缺相故障）。按功能键可以浏览停机参数；若要查看故障信息，可按相应功能键进入编程查询，也可以通过操作面板的复位键、控制端子或通信命令进行故障复位操作。如故障持续存在，则维持显示故障代码。

　　由于变频器的很多故障或报警是源于参数设置不当或者参数需要优化，因此通过参数设置来消除故障报警是一种最简单的办法。同时，在变频器进行部件更换或重新初始

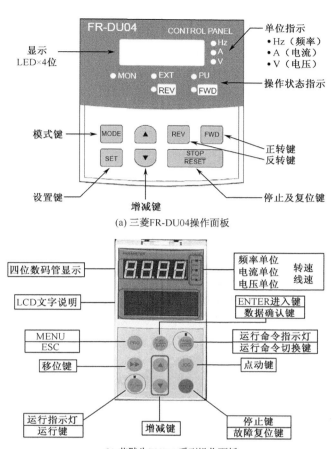

(a) 三菱FR-DU04操作面板

(b) 艾默生EV/TD系列操作面板

图 5.1　变频器操作面板

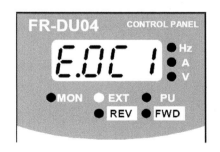

(a) 三菱E.OC1故障

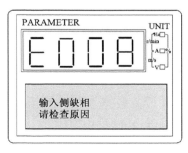

(b) 艾默生E008故障

图 5.2　变频器操作面板故障显示

化后，变频器的参数设置也是最关键的一步。

1）当选择自动重起动功能时，由于电动机会在故障停止后突然再起动，所以应远离设备。

2）操作面板上的 STOP 键仅在相应功能设置已经被设定时才有效，特殊情况应准备紧急停止开关。

3）如果故障复位是使用外部端子进行设定，将会发生突然起动。请预先检查外部端子信号是否处于关断位置，否则可能发生意外事故。

4）参数初始化后，在运行前需要再次设定参数。当参数被初始化后，参数值又重新回到出厂设置。

5）变频器可以很容易地设定为高速运行，在运行前先检查一下电动机或机械设备的容量。

6）使用直流制动功能时，不会产生停止力矩。当需要停止力矩时，安装单独设备。

7）当驱动 400V 变频器和电动机时，用绝缘整流器和采取措施抑制浪涌电压。在电动机接线端子配线常数问题引起的浪涌电压，有可能毁坏绝缘和损坏电动机。

2. 软件处理和操作（用 符号代替）

在以变频器为核心的自动化系统中，通信是非常重要的组成部分，因此，很多变频器的故障排除必须通过以软件处理和操作的方式进行。

1）通过 PC 访问同一串行总线上的变频器时，不要轻易更改其他非故障变频器的参数。

2）确保通信协议正常的情况下，才能通过软件处理。

3. 硬件拆装与维护（用 符号代替）

变频器有些故障是由于自身出了问题，如主回路或控制回路元件故障，此时需要进行硬件拆装与维护，并注意以下事项。

1）当电源已经送电或变频器处于运行状态时，不要打开变频器的外壳；否则，可能发生电击。

2）变频器前盖被打开时，不要运行变频器；否则，可能受到高压端子或裸露在外的充电电容的电击。

3）除了进行定期检查或者接线外，不要打开变频器的外壳，即使变频器未接输入电源；否则，可能由于接近充电回路而受到电击。

4）硬件拆装应该在拆除输入电源并使用仪器对直流侧电压进行放电（低于 DC 30V）至少 10min 以后再操作。

5.1.2 变频器简易故障或报警的排除

变频器的很多简易故障往往只需要根据变频器说明书的提示即可完成，包括电动机不转、电动机反转、转速与给定偏差太大、变频器加速/减速不平滑、电动机电流过高、转速不增加、转速不稳定等。表 5.1 给出了不同故障点下的变频器及相关线路检查内容。

表 5.1　变频器简易故障排除点及内容

简易故障点	变频器及相关线路检查内容
电动机不转	1) 主电路和检查：输入（线）电压正常否？（变频器的 LED 是否亮？）电动机连接是否正确？ 2) 输入信号检查：有运行输入信号至变频器？是否正向和反向信号输入同时进入变频器？指令频率信号输入是否进入了变频器？ 3) 参数设定检查：运行方式设定是否正确？指令频率是否设定正确？ 4) 负载检查：负载是否过载或者电动机容量是否有限？ 5) 其他：报警或者故障是否未处理？
电动机反转	输出端子的 U、V、W 相的顺序是否正确？正转/反转指令信号是否正确？
转速与给定偏差太大	频率给定信号正确与否？ 下面的参数设定是否正确：低限频率、高限频率、模拟频率增益？ 输入信号线是否受外部噪声的影响（使用屏蔽电缆）
变频器加速/减速不平滑	减速/加速时间是否设定太短？ 负载是否过大？ 是否转矩补偿值过高导致电流限制功能和停转防止功能不工作？
电动机电流过高	负载是否过大？是否转矩补偿值过高？
转速不增加	上限限制频率值正确与否？ 负载是否过大？ 是否转矩补偿值过高导致停转防止功能不工作？
当变频器运行时转速不稳定	负载检查：负载是否不稳定？ 输入信号检查：是否频率参数信号不稳定？ 当变频器使用 U/f 控制时是否配线过长？（大于 500m）

5.1.3　日常和定期检查项目

　　变频器是以半导体元件为中心构成的静止装置，由于温度、湿度、尘埃、振动等使用环境的影响，及其零部件长年累月的变化、寿命等原因而发生故障，为了防患于未然，必须进行日常检查和定期检查。

　　表 5.2 所示为变频器日常和定期检查项目。

表 5.2　变频器日常和定期检查项目

检查地点	检查项目	检查内容	周期			检查方法	标准	测量仪表
			每天	1年	2年			
全部	周围环境	有灰尘否？ 环境温度和湿度足够否？	○			参数注意事项	温度：－10～＋40℃ 湿度：50% 以下没有露珠	温度计 湿度计

续表

检查地点	检查项目	检查内容	周期 每天	周期 1年	周期 2年	检查方法	标准	测量仪表
全部	设备	有异常振动或者噪声否？	○			看，听	无异常	
	输入电压	主电路输入电压正常否？	○			测量在端子 R、S、T 之间的电压		数字万用表/测试仪
主电路	全部	高阻表检查（主电路和地之间）是否有固定部件活动？ 每个部件是否有过热的迹象？		○	○	变频器断电，将端子 R、S、T、U、V、W 短路，在这些端子和地之间测量；紧固螺钉；肉眼检查	超过 5MΩ；没有故障	直流 500V 类型高阻表
	导体配线	导体是否生锈？配线外皮是否损坏？		○		肉眼检查	没有故障	
	端子	有否损坏？		○		肉眼检查	没有故障	
	IGBT 模块/二极管	检查端子间阻抗			○	松开变频器的连接和用测试仪测量 R、S、T（一）P、N 和 U、V、W（一）P、N 之间的电阻	符合阻抗特性	数字万用表/模拟测量仪
	电容	是否有液体渗出？ 安全针是否突出？ 有没有膨胀？	○	○		肉眼检查/用电容测量设备测量	没有故障，超过额定容量的85%	电容测量设备
	继电器	在运行时有没有抖动噪声？ 触点有无损坏？		○		听检查/肉眼检查	没有故障	
	电阻	电阻的绝缘有无损坏？ 在电阻器中的配线有无损坏（开路）？		○		肉眼检查； 断开连接中的一个，用测试仪测量	没有故障；误差必须在显示电阻值的±10％以内	数字万用表/模拟测试仪
控制电路保护电路	运行检查	输出三相电压是否不平衡？ 在执行预设错误动作后是否有故障显示？		○		测量输出端子 U、V、W 之间的电压短路和打开变频器保护电路输出	对于 200V（400V）类型来说，每相电压差不能超过 4V（6V）；根据次序，故障电路起作用	数字万用表/校正伏特计

续表

检查地点	检查项目	检查内容	周期			检查方法	标准	测量仪表
			每天	1年	2年			
冷却系统	冷却风扇	是否有异常振动或者噪声？是否连接区域松动？	○	○		关断电源后用手旋转风扇，并紧固连接	必须平滑旋转，且没有故障	
显示	表	显示的值正确否？	○	○		检查在面板外部的测量仪的读数	检查指定和管理值	伏特计/电表等
电动机	全部	是否有异常振动或者噪声？是否有异常气味？	○			听/感官/肉眼检查过热或者损坏	没有故障	
	绝缘电阻	高阻表检查（在输出端子和接地端子之间）			○	松开 U、V、W 连接和紧固电动机配线	超过 5MΩ	500V 类型高阻表

从表中 5.2 中可以看出，冷却风扇作为变频器的易耗件，一般推荐使用原装的风扇备件，但有时原装的备件很难买到或订货周期长，此时可以考虑使用替代品。替代品必须保证外形、安装尺寸与原装的完全一致，电源、功率、功耗、风量和质量与原装的接近，尤其是风量与静压之间的关系。

在图 5.3 中，风量 Q 为单位时间内风扇排出的空气量；静压 P_s 流速是利用风扇排出的空气而形成的，静压是指不受流速影响的风扇前后的差压；最大风量 Q_{max} 是在风量测定装置中，将静压调节为 0Pa 时，风扇的排出风量；最大静压 $P_{s\,max}$ 是在风量测定装置中，将风量调节为 0m³/min 时，装置内压与外气压的差压，即在风扇前面完全密封的状态下运转时的前面压力。最大风量和最大

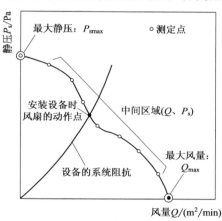

图 5.3　风量静压特性模型

静压并不表示实际安装状态下的动作点，而是比较风扇性能，并进行选择时的重要代表特性。安装到设备上的风扇，在自身特性曲线和设备系统阻抗曲线的交叉点附近工作。

有风扇的变频器机中，风的方向是从下向上，所以在装设变频器的地方，上、下部不要放置妨碍吸、排气的机械器材。还有，变频器上方不要放置怕热的零件等。风扇发生故障时，由电扇停止检测或冷却风扇上的过热检测进行保护。直流冷却风扇有二线和三线之分，二线风扇其中一线为正极，另外一线为负极，更换时不要接错；三线风扇除了正负极之外还有一根检测线，更换时要注意，否则会引起变频器过热报警。交流冷却

风扇一般有 110V、220V 和 380V 之分，更换时电压等级不要搞错。

好的风扇，除了其风量大和风压高之外，自身的可靠性也是相当重要的，其中风扇使用的轴承起着非常重要的作用。一般高速风扇使用滚珠轴承（ball bearing），而低速风扇则使用成本较低廉的自润轴承（sleeve bearing）。每个风扇都需要两个轴承，一些风扇上标着"BS"的字样，是单滚珠式轴承，BS 的意思是"1 ball＋1 sleeve"，依然带有自润轴承的成分。比 BS 更高级的是双滚珠式轴承，即 Two Balls。

5.1.4　变频器故障或报警排除的基本步骤

变频器故障或报警时，一般都需要遵照以下步骤进行排除：

1）故障机受理，记录变频器型号、编码、运行工况、故障代码等信息。

2）变频器主电路检测。

3）变频器控制电路检测。

4）变频器上电检测，记录主控板参数，并根据故障代码进行参数设定。

5）变频器整机带负载测试。

6）故障原因分析总结，填写报告并存档。

5.2　过压原因及故障定位

5.2.1　过压问题

1. 过压问题的提出

变频器过压故障保护是变频器中间直流电压达到危险程度后采取的保护措施，这是电压型交直交变频器设计上的一大缺陷，在变频器实际运行中引起此故障的原因较多，可以采取的措施也较多，在处理此类故障时要分析清楚故障原因，有针对性地采取相应的措施去处理。

通用变频器大都为电压型交直交变频器，从第 1 章的基本结构图中可以知道三相交流电首先通过二极管不控整流桥得到脉动直流电，再经电解电容滤波稳压，最后经无源逆变输出电压、频率可调的交流电给电动机供电。一般而言，负载的能量可以分为动能和势能两种。动能（由负载的速度和重量确定其大小）随着物体的运动而累积，当动能减为零时，该物体就处在停止状态。图 5.4 所示为电动机传动的 4 种运行方式，在本章中所涉及负载的共同特点，就是要求电动机不仅运行于电动状态（Ⅰ、Ⅲ 象限），而且要运行于发电制动状态（Ⅱ、Ⅳ 象限）。

对于变频器，如果输出频率降低，电动机转速将跟随频率同样降低，这时会产生制动过程，由制动产生的功率将返回到变频器侧，由于二极管不控整流器能量传输不可逆，产生的再生电能传输到直流侧滤波电容上，产生泵升电压；而以 GTR、IGBT 为代表的全控型器件耐压较低，过高的泵升电压有可能损坏开关器件、电解电容，甚至会破坏电动机的绝缘，从而威胁系统安全工作，这就限制了通用变频器的应用范围。因此，必须将这些功率消耗掉，如可以用电阻发热消耗。在用于提升类负载时，如负载下

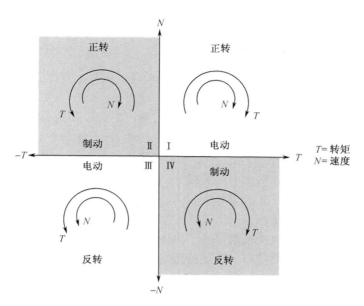

图 5.4　电动机传动的 4 种运行方式

降，能量（势能）也要返回到变频器（或电源）侧，这种操作方法被称为再生制动。

　　如果在负载减速期间或者长期被倒拖时，由电动机侧流到变频器直流母线侧产生的功率如果不通过热消耗的方法消耗掉，而是把能量返回送到变频器电源侧，或者通过直流母线并联的方式由其他电动状态的电动机消耗的方法叫做回馈制动。显然，如需要将能量直接返回到电源侧还需要一种特殊的装置，即能量回馈单元。

　　总而言之，为了改善制动能力，不能单纯期望靠增加变频器的容量来解决问题，而必须采用处理再生能量的方法：电阻能耗制动和回馈制动。

　　2. 变频器过压故障的危害性

　　变频器过压主要是指其中间直流回路过压，中间直流回路过压的主要危害在于以下几点。

　　1）引起电动机磁路饱和。对于电动机来说，电压过高必然使电动机铁心磁通增加，可能导致磁路饱和，励磁电流过大，从而引起电动机温升过高。

　　2）损害电动机绝缘。中间直流回路电压升高后，变频器输出电压的脉冲幅度过大，对电动机绝缘寿命有很大的影响。

　　3）对中间直流回路滤波电容器寿命有直接影响，严重时会引起电容器爆裂。因而，变频器厂家一般将中间直流回路过压值限定在 DC800V 左右，一旦其电压超过限定值，变频器将按限定要求跳闸保护。

　　正是基于过压的严重危害性，在以下变频器应用场合，用户必须考虑配套使用制动方式：电动机拖动大惯量负载（如离心机、龙门刨、巷道车、行车的大小车等）并要求急剧减速或停车；电动机拖动位能负载（如电梯、起重机、矿井提升机等）；电动机经常处于被拖动状态（如离心机副机、造纸机导纸辊电动机、化纤机械牵引机等）。

3. 产生变频器过压的原因

一般能引起中间直流回路过压的原因主要来自以下两个方面。

（1）来自电源输入侧的过压

正常情况下的电源电压为380V，允许误差为−5%～+10%，经三相桥式全波整流后中间直流的峰值为591V，个别情况下电源线电压达到450V，其峰值电压也只有636V，并不算很高，一般电源电压不会使变频器因过压跳闸。电源输入侧的过压主要是指电源侧的冲击过压，如雷电引起的过压、补偿电容在合闸或断开时形成的过压等，主要特点是电压变化率 du/dt 和幅值都很大。

（2）来自负载侧的过压

主要是指由于某种原因使电动机处于再生发电状态时，即电动机处于实际转速比变频频率决定的同步转速高的状态，负载的传动系统中所储存的机械能经电动机转换成电能，通过逆变器的6个续流二极管回馈到变频器的中间直流回路中。此时的逆变器处于整流状态，如果变频器中没采取消耗这些能量的措施，这些能量将会导致中间直流回路的电容器的电压上升，达到限值即行跳闸。

从变频器负载侧可能引起过压的情况及主要原因如下。

1）变频器减速时间参数设定相对较小及未使用变频器减速过压自处理功能。当变频器拖动大惯性负载时，其减速时间设定得比较小，在减速过程中，变频器输出频率下降的速度比较快，而负载惯性比较大，靠本身阻力减速比较慢，使负载拖动电动机的转速比变频器输出的频率所对应的转速还要高，电动机处于发电状态，而变频器没有能量处理单元或其作用有限，因而导致变频器中间直流回路电压升高，超出保护值，就会出现过压跳闸故障。

大多数变频器为了避免跳闸，专门设置了减速过压的自处理功能，如果在减速过程中，直流电压超过了设定的电压上限值，变频器的输出频率将不再下降，暂缓减速，待直流电压下降到设定值以下后再继续减速。如果减速时间设定不合适，又没有利用减速过压的自处理功能，就可能出现此类故障。

2）工艺要求在限定时间内减速至规定频率或停止运行。工艺流程限定了负载的减速时间，合理设定相关参数也不能减缓这一故障，系统也没有采取处理多余能量的措施，必然会引发过压跳闸故障。

3）当电动机所传动的位能负载下放时，电动机将处于再生发电制动状态。位能负载下降过快，过多回馈能量超过中间直流回路及其能量处理单元的承受能力，过压故障也会发生。

4）变频器负载突降。变频器负载突降会使负载的转速明显上升，使负载电动机进入再生发电状态，从负载侧向变频器中间直流回路回馈能量，短时间内能量的集中回馈，可能会超出中间直流回路及其能量处理单元的承受能力引发过压故障。

5）多个电动机拖动同一个负载时，也可能出现这一故障，主要由于没有负荷分配引起的。以两台电动机拖动一个负载为例，当一台电动机的实际转速大于另一台电动机的同步转速时，则转速高的电动机相当于原动机，转速低的处于发电状态，引起了过压故障。处理时需加负荷分配控制，可以把变频器输出特性曲线调节得软一些。

6）变频器中间直流回路电容容量下降。变频器在运行多年后，中间直流回路电容容量下降将不可避免，中间直流回路对直流电压的调节程度减弱，在工艺状况和设定参数未曾改变的情况下，发生变频器过压跳闸概率会增大，这时需要对中间直流回路电容器容量下降情况进行检查。

4．过压故障处理对策

对于过压故障的处理，一是中间直流回路多余能量如何及时处理；二是如何避免或减少多余能量向中间直流回路馈送，使其过压的程度限定在允许的限值之内。下面是主要的对策。

变频器过压
原因与处理

（1）在电源输入侧增加吸收装置，减少过压因素

对于电源输入侧有冲击过压、雷电引起的过压、补偿电容在合闸或断开时形成的过压可能发生的情况下，可以采用在输入侧并联浪涌吸收装置或串联电抗器等方法加以解决。

（2）从变频器已设定的参数中寻找解决办法

在变频器可设定的参数中主要有以下两点。

1）减速时间参数和变频器减速过压自处理功能。在工艺流程中，如不限定负载减速时间时，变频器减速时间参数的设定不要太短，而使得负载动能释放得太快，该参数的设定要以不引起中间回路过压为限，特别要注意负载惯性较大时该参数的设定。如果工艺流程对负载减速时间有限制，而在限定时间内变频器出现过压跳闸现象，就要设定变频器失速自整定功能或先设定变频器不过压情况下可减至的频率值，暂缓后减速至零，减缓频率减少的速度。

2）中间直流回路过压倍数。

（3）采用增加制动电阻的方法

一般小于 7.5kW 的变频器在出厂时内部中间直流回路均装有制动单元和制动电阻，如图 5.5 所示，大于 7.5kW 的变频器需根据实际情况外加制动单元和制动电阻，为中间直流回路多余能量释放提供通道，是一种常用的泄放能量的方法。其不足之处是能耗高，可能出现频繁投切或长时间投运，致使电阻温度升高、设备损坏。

（4）在输入侧增加逆变电路的方法

处理变频器中间直流回路能量最好的方法就是在输入侧增加逆变电路，可以将多余的能量回馈给电网。但逆变桥价格昂贵，技术要求复杂，不是较经济的方法。这样在实际中就限制了它的应用，只有在较高级的场合才使用。

（5）采用在中间直流回路上增加适当电容的方法

中间直流回路电容对其电压稳定、提高回路承受过压的能力起着非常重要的作用。适当增大回路的电容量或及时更换运行时间过长且容量下降的电容器是解决变频器过压

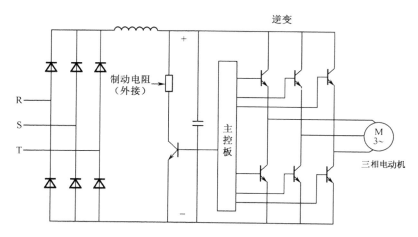

图 5.5 增加制动电阻的方法

的有效方法。这里还包括在设计阶段选用较大容量的变频器的方法，是以增大变频器容量的方法来换取过压能力的提高。

（6）在条件允许的情况下适当降低工频电源电压

目前变频器电源侧一般采用不可控整流桥，电源电压高，中间直流回路电压也高，电源电压为 380V、400V、450V 时，直流回路电压分别为 537V、565V、636V。有的变频器距离变压器很近，变频器输入电压高达 400V 以上，对变频器中间直流回路承受过压能力影响很大，在这种情况下，如果条件允许可以将变压器的分接开关放置在低压挡，通过适当降低电源电压的方式，达到相对提高变频器过压能力的目的。

（7）多台变频器共用直流母线的方法

至少两台同时运行的变频器共用直流母线可以很好地解决变频器中间直流回路过压问题，因为任何一台变频器从直流母线上取用的电流一般均大于同时间从外部馈入的多余电流，这样就可以基本上保持共用直流母线的电压。使用共用直流母线存在的最大问题应是共用直流母线保护上的问题，在利用共用直流母线解决过压的问题时应注意这一点。

5.2.2 茶叶机变频器恒速运行过压

1. 故障现象

某茶叶厂用户在使用茶叶机械时使用两台三菱变频器 FR-E540-2.2K-CH（2.2kW），控制两台 6CBC 型八角炒干机（图 5.6），其中一台变频器一直运行良好，另一台变频器运行两星期后开始偶尔出现 E.OV2 恒速过压故障。后用户将此变频器功率换高一挡为 3.7kW，变频器仍然会出现 E.OV2 故障。

2. 分析处理

由于变频器能在复位后正常运行，所以应重点检查变频器在运行中的电压变化情况。测量变频器 FR-E540-2.2K-CH 的直流母线电压 U_{PN} 在恒速运行过程中电压偶尔有上升现象，当电压达到 760V 时变频器报 E.OV2（恒速过压故障）故障，从此现象可以看出此台八角炒干机在恒速运行过程中由于机械部分重心不稳而出现再生回馈。

传动电动机

图 5.6　6CBC 型八角炒干机

为进一步证实变频器本身不是 E.OV2 故障的原因，将此台报故障变频器控制另外一台运行良好的炒干机，结果此台变频器运行良好，由此更可看出此中故障和变频器本身质量无关，对于在恒速运行过程中出现有回馈现象应采取能耗制动方式，只需在变频器侧加一个制动电阻即可（因为 FR-E540-2.2K-CH 变频器已经内置制动单元），制动电阻阻值大小根据经验值、查表或计算获得，现选择在 PR 端子与＋端子之间安装 200Ω/500W 的制动电阻。

该茶叶厂用户按图 5.7 所示进行接线。

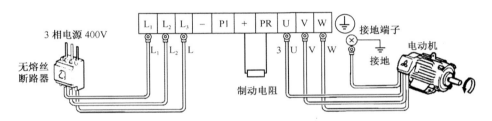

图 5.7　带制动电阻的八角炒干机变频控制

变频器上电后，重新修改以下参数：

☞Pr.30：再生功能选择为"1"。

参数号	名称	设定范围	最小设定单位	出厂设定
30	再生功能选择	0，1	1	0

该参数根据实际情况进行设定，即"0"为无能耗制动组件或外接制动单元的方式进行能耗制动，而"1"为有能耗制动组件。

☞Pr.70：制动使用率为 10％。

参数号	名称	设定范围	最小设定单位	出厂设定
70	特殊再生制动使用率	0～30％	0.1％	0

制动使用率根据实际情况选择为 10%。当 Pr.30 为 "0" 时，Pr.70 没有显示，制动使用率固定在 3%。另外，Pr.70 必须设定在所使用的制动电阻发热功率内，否则会有过热的危险。

参数修改后，带负载运行，变频器工作良好，故障消除。

3. 总结归纳

变频器恒速运行中监测直流母线电压满足下列条件时，即直流母线电压≥过压保护点（参数设定），变频器进行保护，并显示 E.OV2 故障代码。对于该故障，可以按照表 5.3 所列一步步进行问题排除。

表 5.3　E.OV2 故障排除

E.OV2	变频器恒速运行过电压	输入电压异常	检查输入电源
		加、减速时间设置太短	适当延长加、减速时间
		输入电压发生了异常变动	安装输入电抗器
		负载惯性大	考虑采用能耗制动组件

对于不同类型的变频器，合理选择制动电阻是系统配置的前提，表 5.4 所示为可以适用于各种通用变频器内置制动单元的制动电阻（连续制动时间为 10s）选配表。

表 5.4　制动电阻选配清单

变频器型号	规格	使用率/%	制动转矩/%	最大连续使用时间/s
单相 0.4kW	200Ω/100W	10	100	10
单相 0.7kW	150Ω/200W	10	100	10
单相 1.5kW	100Ω/400W	10	100	10
单相 2.2kW	70Ω/500W	10	100	10
3 相 0.7kW	300Ω/400W	10	100	10
3 相 1.5kW	300Ω/400W	10	100	10
3 相 2.2kW	200Ω/500W	10	100	10
3 相 3.7kW	200Ω/500W	10	100	10
3 相 5.5kW	100Ω/1000W	10	100	10

5.3　过流原因及故障定位

5.3.1　过流原因分析

变频器中过流保护的对象主要指带有突变性质的、电流的峰值超过了过流检测值（约为额定电流的 200%，不同变频器的保护值不一样），变频器则显示 OC（Over Current）

表示过流，由于逆变器件的过载能力较差，所以变频器的过流保护是至关重要的一环。

变频器过流
原因与处理

过流故障可分为加速、减速、恒速过流等，其可能是由于变频器的加、减速时间太短、负载发生突变、负荷分配不均、输出短路等原因引起的。根据变频器显示，可从以下几方面寻找原因。

（1）工作中过流，即电动机拖动系统在工作过程中出现过流

其原因大致有以下几方面：

1）电动机遇到冲击负载或传动机构出现"卡住"现象，引起电动机电流的突然增加。

2）变频器输出侧发生短路（图 5.8），如输出端到电动机之间的连接线发生相互短路，或电动机内部发生短路等、接地（电动机烧毁、绝缘劣化、电缆破损而引起的接触、接地等）。

3）变频器自身工作不正常，如逆变桥中同一桥臂的两个逆变器件在不断交替的工作过程中出现异常。如环境温度过高，或逆变器元器件本身老化等原因，使逆变器的参数发生变化，导致在交替过程中，一个器件已经导通，而另一个器件却还未来得及关断，引起同一个桥臂的上、下两个器件的"直通"（图 5.9），使直流电压的正、负极间处于短路状态。

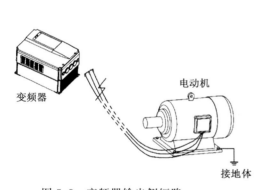

图 5.8 变频器输出侧短路

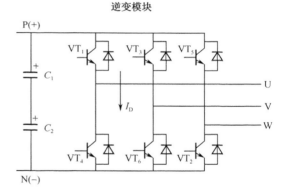

图 5.9 桥臂直通故障

（2）升速、降速时过流

当负载的惯性较大，而升速时间或降速时间又设定得太短时，也会引起过流。在升速过程中，变频器工作频率上升太快，电动机的同步转速迅速上升，而电动机转子的转速因负载惯性较大而跟不上去，结果是升速电流太大；在降速过程中，降速时间太短，同步转速迅速下降，而电动机转子因负载的惯性大，仍维持较高的转速，这时同样可以使转子绕组切割磁力线的速度太大而产生过流。

（3）变频器上电或一运行就过流

这种保护大部分是因变频器内部故障引起的，若负载正常，变频器仍出现过流保护，一般是检测电路所引起，类似于短路故障的排除，如电流传感器、取样电阻或检测电路等。该处传感器波形如图 5.10 所示，其包络类似于正弦波，若波形不对或无波形，

即为传感器损坏，应更换之。

过流保护用的检测电路一般是模拟运放电路，如图 5.11 所示。在静态下，测 A 点的工作电压应为 2.4V，若电压不对即为该电路有问题，应查找原因予以排除。R_4 为取样电阻，若有问题也应更换之。

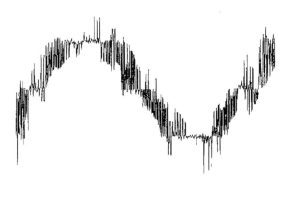

图 5.10 传感器的波形

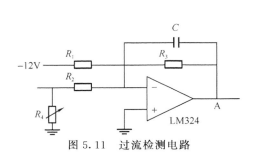

图 5.11 过流检测电路

5.3.2 过流故障处理对策

对于过流故障的处理，一是要确定负载本身是否符合正常运行条件；二是确定变频器本身是否属于正常；三是要确定变频器的参数能否与负载运行的工艺条件或加、减速过程匹配；四是检查变频器输入输出接线是否正常。

1. 负载侧检查

负载侧是引起变频器过流的最主要因素，因此一旦发生过流故障，首先要检查：

1）工作机械有没有卡住，以避免电动机负载突变，引起的冲击过大造成过流。

2）载侧有没有短路，以避免电动机和电动机电缆相间或每相对地的绝缘破坏、造成匝间或相间对地短路，此项内容可以用兆欧表检查对地或者相间有没有短路。

3）电动机的起动转矩过小，拖动系统转不起来。

4）过流故障还与电动机的漏抗、电动机电缆的耦合电抗有关，所以选择电动机电缆一定要按照要求去选。

5）在变频器输出侧有无功率因数矫正电容或浪涌吸收装置，如果有就必须撤除。

6）当负载电动机装有测速编码器时，速度反馈信号丢失或非正常时，也会引起过流，因此也必须正确检查编码器及其电缆。

2. 变频器检查

变频器硬件问题主要包括模块坏、驱动电路坏、电流检测电路坏等。具体检查内容如下：

1）电流互感器损坏，其现象表现为，变频器主回路送电，当变频器未起动时，有电流显示且电流在变化，这样可判断互感器已损坏。

2）主电路接口板电流、电压检测通道被损坏，也会出现过流。

3）由于连接插件不紧、不牢，例如，电流或电压反馈信号线接触不良，会出现过流故障时有时无的现象。

4）电路板损坏，其原因可能是：①由于环境太差，导电性固体颗粒附着在电路板上，造成静电损坏，或者有腐蚀性气体，使电路被腐蚀；②电路板的零电位与机壳连在一起，由于柜体与地角焊接时，强大的电弧会影响电路板的性能；③由于接地不良，电路板的零伏受干扰，也会造成电路板损坏。

如检查以上 4 项有问题，必须更换为同型号配件或者修复该配件。

3. 变频器参数检查

变频器参数设定问题是在负载、变频器确认都正常的情况下必须怀疑的因素，这里面包括加速时间太短、PID 调节器的比例 P 和积分 I 时间参数不合理、超调过大等，所有这些参数的不合理设置都将造成变频器输出电流振荡或直接过流。

针对变频器问题，主要检查以下几点：

1）升速时间设定太短，加长加速时间。

2）减速时间设定太短，加长减速时间。

3）转矩补偿（U/f）设定太大，引起低频时空载电流过大。

4）电子热继电器整定不当，动作电流设定得太小，引起变频器误动作。

另外，当负载不稳定时，建议使用矢量控制模式或 DTC 模式，因为这两种模式控制速度非常快，每隔 25ms 产生一组精确的转矩和磁通的实际值，再经过电动机转矩比较器和磁通比较器的输出，优化脉冲选择器决定逆变器的最佳开关位置，这样有利于抑制过流。同时，使用速度环的自适应（AUTOTUNE）功能来自动调整 PID 参数，从而使变频器输出电动机电流平稳。

4. 输入输出线路检查

很多现象表明，过流保护的其中一个原因就是缺相。当变频器输入缺相时，势必引起母线电压降低，负载电流加大，引起保护。而当变频器输出端缺相时，势必使电动机的另外两相电流加大而引起过流保护。所以对输入及输出都应进行检查，排除故障。

针对变频器容易过流的现象，很多变频器都推出了自动限流功能，即通过对负载电流的实时控制，自动限定其不超过设定的自动限流水平值（通常以额定电流的百分比来表示），以防止电流过冲而引起的故障跳闸，这对于一些惯量较大或变化剧烈的负载场合，尤其适用。图 5.12 所示为某水泥窑罗茨风机的自动限流工作波形。

当然，自动限流功能动作时，变频器输出频率可能会有所变化，所以对要求恒速运行时输出频率较稳定的场合，不宜一直使用该功能，仅仅在起动或停机时才用到。

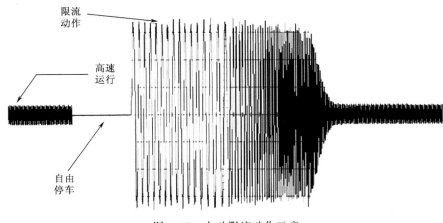

图 5.12　自动限流动作示意

5.3.3　换热加泵变频器过流

1. 故障现象

某用户用一台西门子 MM440 系列变频器 22kW 来控制纺织车间集中供热换热系统，如图 5.13 所示，在加泵时总是出现 F001 过流故障。

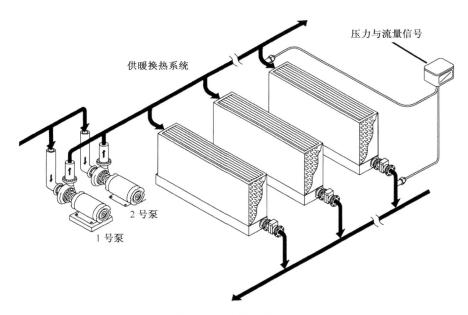

图 5.13　换热加泵系统

2. 分析处理

用户现场检查参数发现，变频器的停车方式为 OFF1（即变频器按照选定的斜坡下降速率减速并停止），这也就意味着变频器在从运行频率减速到 0Hz 过程中，始终是有电压输出的。

在本案例中，MM440 变频器控制 2 台 22kW 泵，而加泵或减泵的变频和工频切换等逻辑均由 PLC 来完成。据估计，两台泵的切换时间为 6s，由 PLC 设定；泵的减速或减速时间由变频器内部的加减速时间确定，为 20s。当第一台泵运行在 50Hz 一段时间后，PLC 给变频器发停止命令，而后断开 1 号泵变频接触器，合上工频接触器，1 号泵切换成功；而后将 2 号泵变频接触器吸合并给变频器发开车信号，此时就出现 F001 故障。

若停车方式为 OFF1，6s 后变频器的输出为 35Hz，电压为 250V 左右，此时连通电动机，相当于变频器直接以 35Hz 的起动频率起动，由于变频器此时还处于减速状态，所以报 F001 就理所当然了。

为解决停车问题，需要修改相应参数。

☞ P0701：数字输入 1 的功能为 "3"。

P0701 [3]	数字输入 1 的功能			最小值：0
CStat： CT	数据类型：U16	单位：—		缺省值：1
参数组：命令	使能有效：确认	快速调试：否 —		最大值：99

将数字输入 1 的功能从 ON/OFF1（图 5.14）改为 OFF2，这一命令将使电动机依照惯性滑行，最后停车（脉冲被封锁），也就是自由停车。

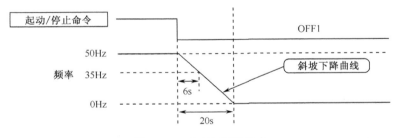

图 5.14　OFF1 停车方式

本案例中，将停车方式改为自由停车 OFF2（图 5.15）后，变频器接到 PLC 指令后，就立刻停止输出，自然第二台泵变频起动时，将按照软起动的方式平滑起动，故障解除。

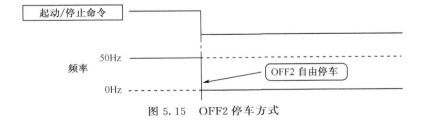

图 5.15　OFF2 停车方式

3. 总结归纳

换热系统在加泵或减泵时，泵由变频转为工频的过程中，同一台泵的变频运行和工频运行各自对应的交流接触器不会同时吸合而损坏变频器，变频器参数不对也会造成系统故障。因此为了避免变频/工频切换故障，需要重新设定变频器的停车方式，如改为自由停车，以确保变频器输出端确实没有电压之后再进行切换。

西门子 MM4 系列变频器停车主要有以下几种方式：OFF1、OFF2 和 OFF3。OFF1 为默认的正常停车方式，用端子控制时它与 ON 命令是同一个端子输入，为低电平有效，变频器按 P1121 中设定的时间停车，从 P1082 中设定的最大频率下降到 0Hz 的时间；而 OFF2 为自由停车方式，当有 OFF2 命令输入后，变频器输出立即停止，电动机按惯性自由停车；OFF3 为快速停车方式，其停车时间可在参数 P1135 中设定，当然也是从最高频率到 0Hz 的时间。另外，OFF2、OFF3 命令也是低电平有效，所以接线时应注意接点形式。OFF2、OFF3 常被用在特殊需要的场合；OFF2 可用于紧急停车等控制，还可应用在变频器输出端有接触器的场合。

需要大家注意的是，变频器运行过程中禁止对其输出端接触器进行操作。如确需切换时，可利用 OFF2 停车功能。就是说接触器闭合后方可起动变频器；打开接触器之前，必须先用 OFF2 命令停止变频器输出，且经过 100ms 时间方可打开接触器；OFF3 可在需要不同的停车时间等场合应用，即用 OFF1 作常规停车，用 OFF3 作快速停车。

5.4 过载原因及故障定位

5.4.1 过载故障现象

1. 过载的主要原因

电动机能够旋转，但运行电流超过了额定值，称为过载，如图 5.16 所示。过载的基本特征是：电流虽然超过了额定值，但超过的幅度不大，一般也不形成较大的冲击电流（否则就变成过流故障），而且过载是有一个时间的积累，当积累值达到时才报过载故障。

变频器过载保护

过载发生的主要原因有以下几点：

1）机械负荷过重，其主要特征是电动机发热，可从变频器显示屏上读取运行电流来发现。

2）三相电压不平衡，引起某相的运行电流过大，导致过载跳闸，其特点是电动机发热不均衡，从显示屏上读取运行电流时不一定能发现（因很多变频器显示屏只显示一相电流）。

3）误动作，变频器内部的电流检测部分发生故障，检测出的电流信号偏大，导致过载跳闸。

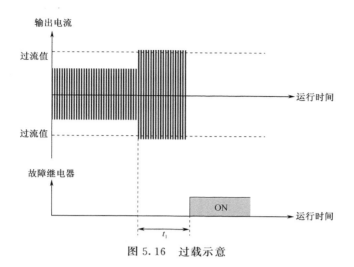

图 5.16　过载示意

2. 过载故障的解决对策

1) 检查电动机是否发热，如果电动机的温升不高，则首先应检查变频器的电子热保护功能预置得是否合理，如变频器尚有余量，则应放宽电子热保护功能的预置值。

如果电动机的温升过高，而所出现的过载又属于正常过载，则说明是电动机的负荷过重。这时，应考虑能否适当加大传动比，以减轻电动机轴上的负荷。如能够加大，则加大传动比。如果传动比无法加大，则应加大电动机的容量。

2) 检查电动机侧三相电压是否平衡，如果电动机侧的三相电压不平衡，则应再检查变频器输出端的三相电压是否平衡，如也不平衡，则问题在变频器内部。如变频器输出端的电压平衡，则问题在从变频器到电动机之间的线路上，应检查所有接线端的螺钉是否都已拧紧，如果在变频器和电动机之间有接触器或其他电器，则还应检查有关电器的接线端是否都已拧紧，以及触点的接触状况是否良好等。

如果电动机侧三相电压平衡，则应了解跳闸时的工作频率：如工作频率较低，又未用矢量控制（或无矢量控制），则首先降低 U/f 比，如果降低后仍能带动负载，则说明原来预置的 U/f 比过高，励磁电流的峰值偏大，可通过降低 U/f 比来减小电流；如果降低后带不动负载了，则应考虑加大变频器的容量；如果变频器具有矢量控制功能，则应采用矢量控制方式。

5.4.2　水泵变频器过载

1. 故障现象

某供水单位使用艾默生 TD2000-4T0300P（30kW）变频器拖动水泵负载，如图 5.17 所示，使用过程中变频器经常报 E013 故障，检查故障电流记录为 58A，变频器额定电流为 60A，经查说明书：风机、水泵变频器过载能力 110％额定电流 1min，是否与上述现象发生冲突？

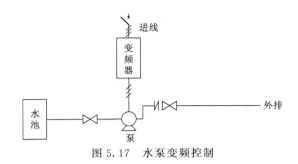

图 5.17　水泵变频控制

2. 分析处理

经现场了解和查看，发现水泵负载长期工作在 48Hz，电流长期在 58A 左右，出现 E013 故障的原因为变频器带负载能力不够，需要更换更高一级的变频器，即 TD2000-4T0370P 或 EV2000-4T0370P（37kW）。

变频器运行过程输出电流不小于变频器额定电流，但达不到变频器过流点，在运行一段时间后产生过载保护，变频器过载保护按反时限曲线不同分为 G 型和 P 型。反时限曲线 i^2t 即指动作时限与通入电流大小的平方成反比，通入电流越大，则动作时限越短，该曲线在出厂时由机型参数唯一确定，用户不能更改。

本例机型分为 P 型机，其 P 型反时限曲线（图 5.18）说明当变频器输出电流达到 95% 持续时间达到 1h 则报 E013 故障，当变频器输出电流达到 110% 持续时间达到 1min，也同时报 E013 故障。

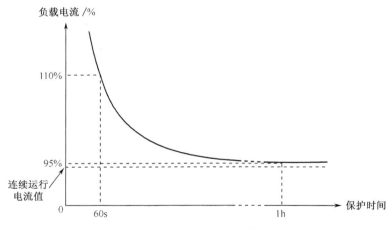

图 5.18　P 型机反时限曲线

本案例可以选择高一挡的 EV2000-4T0370P 变频器，在更换完变频器之后，还必须设置以下参数。

☞F0.08：变频器机型选择为 P 型。

F0.08 机型选择	范围：0、1【0】

0：G 型（恒转矩负载机型）；1：P 型（风机、水泵类负载机型）。

由于变频器出厂参数设置为 G 型，本案例中选择 P 型机，需要将 F0.08 功能码设置为 1。

☞FH.00～FH.02：电动机参数按照实际情况进行设定。

FH.00　电动机极数	范围：2～14【4】
FH.01　额定功率	范围：0.4～999.9kW【机型确定】
FH.02　额定电流	范围：0.1～999.9A【机型确定】

为了保证控制水泵的性能，务必按照电动机的铭牌参数正确设置电动机极数、额定功率和额定电流。

3. 总结归纳

很多品牌的变频器在 45kW 及以下机型都采用 G/P 合一方式，即用于恒转矩负载 G 型适配电动机功率比用于风机、水泵类负载 P 型时小一挡。G/P 合一方式是考虑到风机、泵类负载基本不过载的实际情况，但是由于 G/P 合一的变频器本质上并没有扩大容量，只是变频器的软件发生变化，实际上就是反时限 i^2t 曲线发生了变化，但使用中往往容易遭到误解，尤其是当用户的工艺过程发生变化，比如水泵流量增加、浓度增大、风量增大等，电动机的实际电流往往会上升，从而导致变频器过载保护。

本案例也说明了电动机与变频器的选型关系。

电动机选型首先应该根据负载运动时所需要的平均功率、最高功率，折算到电动机轴侧（可能有减速机、带轮等减速装置）选择电动机的功率，同时也要考虑电动机的过载能力。电动机厂商可以提供电动机的力矩特性曲线，不同温度下电动机特性会发生变化。顺便说一下，选型的顺序当然是先选电动机再根据电动机选择变频器，因为控制的最终目的不是变频器也不是电动机，而是机械负载。

而变频器的选型第一应该强调的是根据电流选型。对于一般负载，可以根据电动机的额定电流选择变频器，即变频器额定电流（即常规环境下的最大持续工作电流）大于电动机额定电流即可。但是必须要考虑极限状况的出现。因此变频器还需要可以提供短时间的过载电流（注意：电动机的电流是由机械负载决定的）。

变频器有一条过载电流曲线，是一条反时限曲线，描述了过载电流和时间的关系。这就是变频器说明书上经常说到的过载能力可以达到 150% 额定电流 2s、180% 额定电流 2s 等，实际上是一条曲线。因此，只要电动机的电流曲线在变频器的过载电流曲线之内，就是正确的选型。这就是为什么有时候变频器功率要大于电动机功率 1 挡或 2 挡（比如起重应用），有时候小功率变频器仍然可以驱动大功率电动机（比如输送带）的原因。

另一个必须注意的是，在非正常环境下，比如高海拔、高环境温度（如 50℃≤ T ≤60℃）、并排安装方式（有些变频器并排安装不降容，有些要降容，根据变频器设计决定）等情况下，要考虑变频器的降容。因此，变频器的额定功率可能大于电动机功率，也可以小于电动机功率，事实上变频器的选型也是根据机械负载决定的。

总之，变频器选型的最终依据是变频器的电流曲线，包括机械负载的电流曲线。

5.5　过热原因及故障定位

5.5.1　过热故障现象

变频器作为一种变流器，在运行过程中要产生一定的功耗。由于使用器件不同，控制方式不同，不同品牌、不同规格的变频器所产生的功耗也不尽相同。资料表明变频器的功耗一般为其容量的 4％～5％。其中逆变部分约为 50％，整流及直流回路约为40％，控制及保护电路为 5％～15％。10℃法则表明当器件温度降低 10℃，器件的可靠性增长一倍。可见，处理变频器的散热，降低温升，提高器件的可靠性，从而延长设备的使用寿命是非常重要的。

5.5.2　变频器散热的结构分析

从目前变频器的构造分析，散热一般可分为以下三种：自然散热、对流散热和液冷散热。

变频器散热分析

1. 自然散热

对于小容量的变频器一般选用自然散热方式 ［图 5.19 (a)］，其使用环境应通风良好，无易附着粉尘及漂浮物。此类变频器的拖动对象多为家用空调、数控机床之类，功率很小，使用环境比较优良。

(a) 普通散热　　　　　　(b) 穿墙式散热

图 5.19　自然散热方式

另外一种使用自然散热方式的变频器容量并不一定小，那就是防爆变频器。对于此类变频器小容量可以选用一般类型的散热器即可，要求散热面积在允许的范围内尽可能的大一些，散热肋片间距小一些，尽可能增加热辐射面积。对于大容量的防爆变频器，如使用自然散热方式建议使用热管散热器。热管散热器是近年来新兴的一种散热器，它是热管技术与散热器技术结合的一种产品，它的散热效率极高，可以将防爆变频器的容量做得比较大，可达几百 kVA。这种散热器相对普通散热器，不同之处就是体积相对大，成本高。这种散热方式与水冷散热相比较还是有优势的：水冷要用水冷器件、水冷散热器以及必不可少的水循环系统等，其成本比使用热管散热器散热高。业界反映热管散热器性能好，值得推广。

自然散热的另外一种方式就是"穿墙式"自然散热，这种散热方式最多减少 80％的热量，其特点是变频器的主体与散热片通过电控箱完全隔离，大大提高了变频器元器件的散热效果，如图 5.19（b）所示。这种散热方式最大的好处是可以做到定时清理散热器，且能保证电控箱的防护等级做得更高。像常见的棉纺企业由于棉絮过多，经常容易堵塞变频器的通风道，导致变频器的过热故障，用穿墙式自然散热就能很好地解决这一问题。

2. 对流散热

对流散热是普遍采用的一种散热方式，如图 5.20 所示。随着半导体器件的发展，半导体器件散热器也得到了飞速发展，趋向标准化、系列化、通用化；而新产品则向低热阻、多功能、体积小、重量轻、适用于自动化生产与安装等方向发展。世界几大散热器生产商，产品多达上千个系列，并全部经过测试，提供了使用功率与散热器热阻曲线，为用户准确选用提供了方便。同时，散热风机的发展也相当快，呈现出体积小、长寿命、低噪声、低功耗、大风量、高防护的特点。如常用的小功率变频器散热风机只有

图 5.20　对流散热方式

25mm × 25mm × 10mm；日本 SANYO 长寿命风机可达 200000h，防护等级可达 IPX5；更有德国 ebm 大风量轴流风机，排风量高达 5700m³/h。这些因素为设计者提供了非常广阔的选择空间。

对流散热正是由于使用的器件（风机、散热器）选择比较容易，成本不是太高，变频器的容量可以做到从几十到几百 kVA，甚至更高（采取单元并联方式）才被广为采用。

3. 液冷散热

水冷是工业液冷方式中较常用的一种方式，如图 5.21 所示。针对变频器这种设备

图 5.21　水冷散热方式

选用该方式散热的很少，因为它的成本高，用在小容量变频器时体积大，再由于通用变频器的容量在几 kVA 到近百 kVA，容量不是很大，很难将性价比做到让用户接受的程度，只有在特殊场合（如需要防爆）以及容量特别大的变频器才采用这种方式。

水冷变频器在欧洲已有近十年的历史，广泛应用于轮船、机车等高功率且空间有限的场合。相对于传统的风冷变频器，水冷变频器更有效地解决了散热问题，从而使高功率变频器的体积大大缩小，性能更加稳定。体积的减小意味着节省了设备安装空间，从而有效地解决了很多特殊场合对变频器体积的要求。如芬兰 VACON 公司的 400kW 水冷变频器，其体积仅为同等级的风冷变频器的 1/5。

资料表明，散热器表面经电泳涂漆发黑或阳极氧化发黑后，其散热量在自然冷却情况下可提高 10％～15％，在强迫风冷情况下可提高 20％～30％，电泳涂漆后表面耐压可达 500～800V。所以在选择散热器及制定加工工艺时，对散热器进行上述工艺处理会

大大提高本身的散热能力，还可以增强绝缘性，降低了因安装不当造成的爬电距离过小、电气间隙不够等带来的不利影响。

散热效果优劣与安装工艺有密切关系，安装时应尽量增大功率模块与散热器的接触面积降低热阻，提高传热效果。在功率器件与散热器之间涂一层薄薄的导热硅脂可以降低热阻 25%～30%。如需要在功率器件与散热器之间加绝缘或加垫块来方便安装，建议使用低热阻材料：薄云母，聚酯薄膜或紫铜块，铝块。合理安排器件在散热器上的位置，单件安装时应使器件位于散热器基面中心位置，多件安装时应均匀分布，紧固器件时需保证扭力一致。安装完毕后不宜对器件及散热器再进行机械加工，否则会产生应力，增加热阻。单面肋片式散热器，适于在设备外部作自然风冷，即利于功率器件的通风又可降低机内温度。自然风冷时，应使散热器的断面平行于水平面的方向；强迫风冷时，应使气流的流向平行于散热器的肋片方向。

无论采用哪种散热方式，都应根据变频器的容量确定它的功耗，选择适当的风机以及适当的散热器，达到优良的性价比，同时也应将变频器所使用的环境因素充分考虑到。针对环境比较恶劣（高温、高湿、煤矿、油田、海上平台）的情况，必须采取相应的措施，确保变频器正常可靠的运行。从变频器本身，应尽可能避免不利因素的影响，例如针对灰尘、风沙的影响可以进行密封处理，只有散热器风道与外界空气接触，避免了对变频器内部的影响；针对盐雾、潮湿等可以对变频器各部件进行绝缘喷涂处理；野外作业用变频器要加防护，做到防雨、防晒、防雾、防尘；对于高温高湿环境，可以增加空调等设备进行降温除湿，给变频器一个良好的环境，确保变频器可靠运行。

5.5.3 变频器过热的处理方法

对于变频器过热故障，一般的处理方法有如下两种。

（1）采用风扇散热

变频器内装风扇可将变频器箱体内的热量带走。

（2）降低运行环境温度

变频器热保护功能

变频器是电力电子装置，内含电子元件、电解电容等，所以温度对其寿命影响较大。通用变频器的环境运行温度一般要求－10～＋50℃，如果能降低变频器运行温度，就延长了变频器的使用寿命，性能也稳定。

在具体问题处理过程中，不同的变频器过热故障应该按照自身的代码进行逐步定位，如过热故障代码会显示 IGBT/IPM 散热器过热、整流桥散热器过热等，其故障定位如图 5.22 所示。

5.5.4 收卷变频器过热故障维修

1. 故障现象

某电池厂使用两台 ABB 变频器 ACS800－01－0025－3 来控制锌板收卷传动（图 5.23），由于收卷涉及快速制动，需要使用制动电阻来吸收过压能量。在运行过程

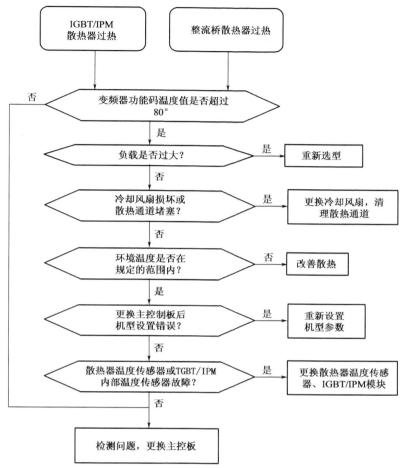

图 5.22 变频器过热故障定位

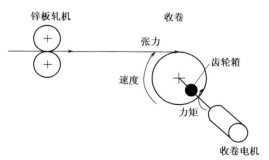

图 5.23 变频收卷控制示意

中发现,变频器经常报故障 FF83 "FAN OVERTEMP",提示变频器过热。检查环境温度也正常,同时也将变频柜全敞开,使用排风机进行对吹,发现其中一台变频器报故障次数少了许多,但另外一台变频器还是不停地报过热故障。

2. 分析处理

检查变频柜的设计，发现有严重问题，如图 5.24 所示为原来变频器放置结构。变频器 1 的热风加上制动电阻 1 的热量一起进入变频器 2 的进风通道，导致进风温度远远超过 +40℃，从而导致变频过热故障。

解决收卷变频器过热的步骤主要为安装隔板，重新放置制动电阻。

两台变频器上下安装时，必须安装导流挡板（图 5.25），以避免下面的变频器排出的热风进入上面变频器的散热风道。同时，由于制动电阻能产生大量的热量，必须把它安置在变频柜外的安全位置。

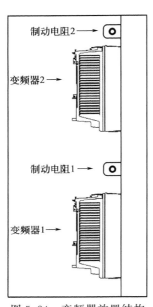

图 5.24 变频器放置结构

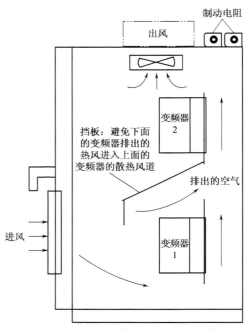

图 5.25 重新设置挡板和制动电阻位置

3. 归纳总结

在变频器的散热方式中，自然散热和对流散热都是利用环境中空气的交换，因此在控制柜内安装这两种散热方式的变频器，必须考虑到风道设计。通常，控制柜的进风口可以选择柜门前侧底部，出风口可以选择顶部散热。在多台变频器安装时，必须考虑导风装置，以避免变频器上下单纯的层叠式安装。因为在这种层叠式安装设计中，最下面变频器散热后的热风将直接吸入上面变频器的进风口，最后导致散热效果差。装设了导风装置后，能够保证不同位置的变频器进风温度相当。

变频器过热
报警与处理

通常，变频器安装在控制柜中。我们要了解一台变频器的发热量大概是多少，可以用以下公式估算：

$$发热量的近似值＝ 变频器容量(kW)\times55 （W）$$

在这里，如果变频器容量是以恒转矩负载为准的（过流能力 $150\%\times60s$），如果变频器带有直流电抗器或交流电抗器，并且也在柜子里面，这时发热量会更大一些。电抗器安装在变频器侧面或侧上方比较好。

这时可以用估算：

$$发热量的近似值＝变频器容量(kW)\times60(W)$$

因为各变频器厂家的硬件都差不多，所以上式可以针对各品牌的产品。注意：如果有制动电阻的话，制动电阻的散热量很大，因此最好安装位置最好和变频器隔离开，如装在柜子上面或旁边等。

当变频器安装在控制机柜中时，要考虑变频器发热值的问题。根据机柜内产生热量值的增加，要适当地增加机柜的尺寸。因此，要使控制机柜的尺寸尽量减小，就必须要使机柜中产生的热量值尽可能地减少。如果在变频器安装时，把变频器的散热器部分放到控制机柜的外面，将会使变频器有 70% 的发热量释放到控制机柜的外面。由于大容量变频器有很大的发热量，所以对大容量变频器更加有效。还可以用隔离板把本体和散热器隔开，使散热器的散热不影响到变频器本体，这样效果也很好。变频器散热设计中都是以垂直安装为基础的，横着放散热会变差。关于冷却风扇，一般功率稍微大一点的变频器都带有冷却风扇。同时，也建议在控制柜上出风口安装冷却风扇。进风口要加滤网以防止灰尘进入控制柜。另外要注意的是，控制柜和变频器上的风扇都是需要的，不能谁替代谁。

5.6 缺相原因及故障定位

5.6.1 缺相故障现象

1. 缺相故障原因分析

变频器产品中主要有单相 220V 与三相 380V 的区分，当然输入缺相检测只存在于三相的产品中。图 5.26 所示为变频器主电路，R、S、T 为三相交流输入，当其中的一相因为熔断器或断路器的故障而断开时，便认为是发生了缺相故障。

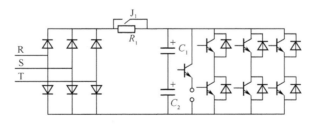

图 5.26　变频器主回路

当变频器在不发生缺相的正常情况下工作时，U_{dc} 上的电压如图 5.27 所示，一个工频周期内将有 6 个波头，此时直流电压 U_{dc} 将不会低于 470V，实际上对于一个 7.5kW 的变频器而言，其 C 值大小一般为 $900\mu F$，当满载运行时，可以计算出周期性的电压降大致为 40V，纹波系数不会超过 7.5%。而当输入缺相发生时，一个工频周期中只有

2个电压波头，且整流电压最低值为零。此时在上述条件下，可以估算出电压降大致为150V，纹波系数要达到30％左右。

由此可以看出，在变频器输入缺相后仍在运行时，电容 C 将被反复大范围地充电，这种情况是不允许的，它必然会使电容器损坏，从而造成整台变频器的损坏。并且，若负载较轻，虽然不会造成电容的损坏，但是直流电压的纹波系数相比于正常时将会增大很多，而且目前变频器一般具有恒电压控制功能，这将造成开关占空比的振荡和负载电流的振荡。而负载较重时，则进一步损坏整流桥，促使变频器故障概率增大，如在送电时就发生缺相，由于单相大电流运行极易造成变频器烧毁。

检测变频器输入缺相，最简单的一种方法就是使用硬件检测，图 5.28 所示是其中的一种方法。该电路中 C 上的电压高低将反映 R、S、T 三相输入有无缺相，当发生缺相时，C 上的电压降低，光耦器件将不导通，A 点的信号为高电平，对应缺相的发生。

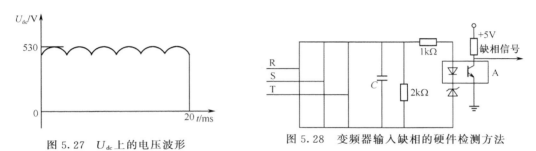

图 5.27　U_{dc} 上的电压波形　　　　图 5.28　变频器输入缺相的硬件检测方法

当然，还可以从软件上进行输入缺相的检测，这是因为 U_{dc} 在正常情况下，除直流成分外，其主要交流成分的周期为 3.3ms，而在缺相的情况下，其主要交流成分的周期将变为 10ms，因此通过检测 U_{dc} 的交流成分的周期，就可以判断其是否缺相。

变频器缺相故障除了输入缺相外，还有一种是输出缺相，这将直接导致电动机缺相运行。缺相时，电动机静止时起动，电动机就转不起来。若是在运行中缺相十分危险，电动机电流增大 1.2 倍，发热严重，震动加剧，极易烧坏电动机。变频器通过检测输出电流，就可以判断三相输出是否缺相。

2. 缺相故障的对策

对于变频器发生缺相故障时，可以从以下几个方面进行检查。

1）通过电压表或钳型表来判断变频器输入输出是否正常。

主回路电气测量的说明如表 5.5 所示。

表 5.5　主回路电气测量

项目	输入（电源）侧	直流中间环节	输出（电动机）侧
电压波形	〜	━━	⊪⊪⊪
电流波形	〜	⋀⋀⋀⋀	〜

续表

项目	输入（电源）侧			直流中间环节	输出（电动机）侧		
测量仪表名称	电压表 V	电流表 A	功率表 W	直流电压表 V	电压表 V	电流表 A	功率表 W
仪表种类	动铁式	电磁式	电动式	磁电式	整流式	电磁式	电动式
所测参量	基波有效值	总有效值	总有效功率	直流电压	基波有效值	总有效值	总有效功率

2）检查变频器的输入和输出线路是否正常。

3）变频器的很多故障是来自外围线路，如断路器、接触器、电抗器、滤波器等，只有确保外围线路是正确无误的情况下，才能使变频器工作在安全可靠的电气环境中。

4）检查变频器内部的主回路，包括整流桥、IGBT 和驱动板。

5.6.2　输入整流桥缺相故障

1. 故障现象

图 5.29 所示为某塑料挤出机，其采用艾默生 TD2000-4T0550G 变频器作为主驱动，在运行过程中，听见变频器内有异响，但变频器能继续运行。怀疑变频器有问题，但无任何故障代码，停机后仍能继续运行。用电流钳型表检查输入进线电流，发现其中一相基本无电流，但变频器未报 E008 输入缺相故障。

变频器缺相处理

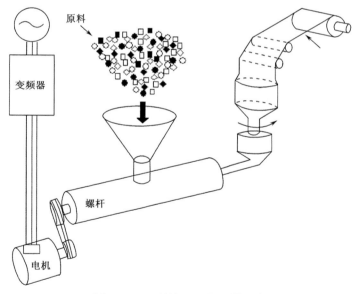

图 5.29　塑料挤出机变频器驱动

2. 分析处理

检查变频器的所有故障代码，均无输入缺相 E008 故障。

检修变频器主回路，发现其中一个整流桥有炸痕迹，用万用表检测 D2/D5，如

表5.6所示，发现"二极管正向不导通，反向也不导通"。

表5.6 万用表检测变频器模块法

模块	极性、测量值	万用表极性 ⊕	万用表极性 ⊖	测量值	模块	极性、测量值	万用表极性 ⊕	万用表极性 ⊖	测量值
整流桥模块	D1	R	P	不导通	整流桥模块	D4	R	N	导通
		P	R	导通			N	R	不导通
	D2	S	P	不导通		D5	S	N	导通
		P	S	导通			N	S	不导通
	D3	T	P	不导通		D6	T	N	导通
		P	T	导通			N	T	不导通

更换步骤如下：

记住整流桥安装标示 📷 ，更换为同型号配件。

整流桥为图5.30中的3。"1"为输入交流任何一相，"2"为直流"＋"，"3"为直流"－"。整流桥就是将整流管封在一个壳内，分全桥和半桥。全桥是将连接好的桥式整流电路的6个二极管封在一起；半桥是将两个二极管桥式整流的一半封在一起。用3个半桥可组成一个变频器整流电路。

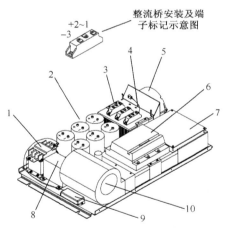

图5.30 整流桥更换示意

1—接触器；2—滤波电解电容；3—整流桥；4—热敏电阻；5—整流桥风扇；6—IPM；
7—驱动板；8—工频变压器；9—限流电阻；10—IPM风扇

3. 总结归纳

在本案例中，明明输入缺相，但是为什么没有报 E008 输入缺相故障呢？这个必须从变频器的控制回路来看，图5.31所示为输入缺相的检测线路。

变频器 TD2000-4T0550G 中，输入 R、S、T 缺相检测是读取驱动板 CN12 的高、

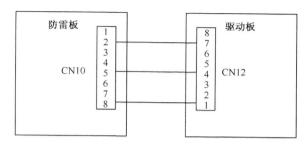

图 5.31　输入缺相检测线路

低电平，而 CN12 是与防雷板 CN10 相连，这就意味着，只要变频器输入端接线正确，就不会报输入缺相，而与整流桥的故障无关，除非整流桥故障会引起其他现象（如直流电压下降、整流桥模块温度过高等）。

表 5.7 所示为艾默生变频器常见类型的整流桥配置情况。

表 5.7　艾默生变频器常见类型的整流桥配置清单

类别-（描述）-型号	TD2000	TD2100	TD3000	TD3100	EV2000
整流桥-（1600V/104A 两管）-SKKD1001/6	4SG/55G	55S	45/55G		45G/55P（备件数量 3）
整流桥-（1600V/110A 三相全桥）-110MT160KB		30			
整流桥-（1600V/160A 三相全桥）-160MT160KB	18.5-37G	37/45S	18.5-37G	18.5-30E	22G-37G/30P-45P
整流桥-（1600V/170A 两管）-SKKD162/16	75（G/P）	75S	75G		55G-90G/75P-110P（备件数 3）；200G/220P 以上
整流桥-（1600V/260A 两管）-SKKD260/16	90/110/132（G/P）				110G/132G/132P/160P
整流桥-（1600V/310A 两管）-DD350N16K	160（G/P）				160G/200P
整流桥-（1600V/38A 三相全桥）-SKD30/16A1	5.5G/7.5G	5.5/7.5/11S			
整流桥-（1600V/430A 单管）-DZ600N16K	200/220（G/P）/250P				
整流桥-（1600V/60A 三相全桥）-SKD62/16			11/15G	11/15E	
整流桥-（1600V/88A-三相全桥）-SKD82/16	11G/15G/18.5G	15/18.5/22S			11G-18.5G/15P-22P

5.7 技能训练：变频器主电路元器件检测

5.7.1 变频器主回路器件损坏常用判断方法

主回路器件（图 5.32）损坏常用的判断方法如下：

1）整流桥：可采用万用表的二极管测量挡判断。

2）电容：可观察外观，用模拟表电阻挡测充放电特性或用万用表测电容挡。

3）变压器：用万用表电阻挡检测是否断路，依据温升判断匝间短路等。

4）接触器：检测线圈是否断路，触点是否接触良好。

5）逆变桥：IPM 或 IGBT 采用万用表的二极管挡测量判断。

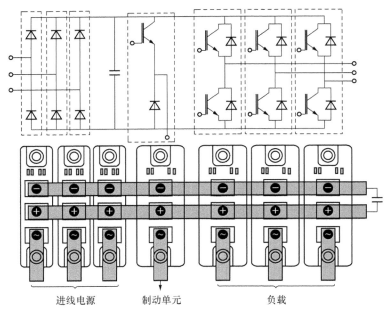

图 5.32 变频器主回路器件

5.7.2 实战任务：用万用表检查变频器的功率模块

变频器整流与逆
变回路检测方法

【训练要求】

请选择合适的万用表来判定变频器的功率模块是否正常，并选择任意一种 IGBT 模块来检测其有效性。

【训练步骤】

训练步骤①：判定变频器的功率模块是否正常。

功率模块的检查方法主要有以下训练步骤：拆下与外连接的电源线（R、S、T）和电动机线（U、V、W）；准备好万用表（使用挡位为 1Ω 电阻测量挡或二极管测量挡）；在变频器的端子排 R、S、T、U、V、W、P、N 处，交换万用表极性，测定它们的导通状态，便可判断其是否良好，具体如图 5.33 和图 5.34 所示。

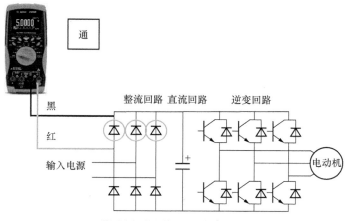

(a)检测变频器整流回路的上半桥正向导通

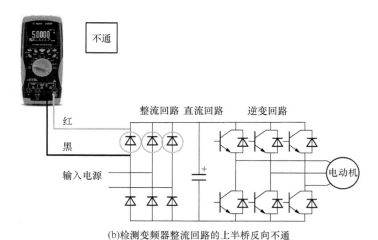

(b)检测变频器整流回路的上半桥反向不通

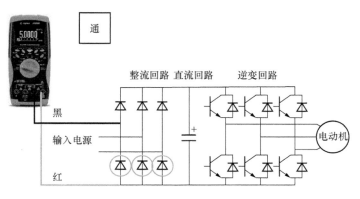

(c)检测变频器整流回路的下半桥正向导通

图 5.33　检测整流回路

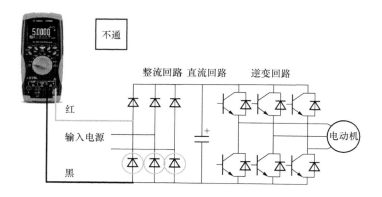

(d)检测变频器整流回路的下半桥反向不通

图 5.33　检测整流回路（续）

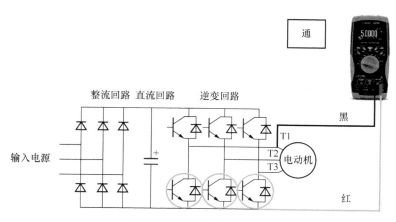

(a)检测变频器逆变回路的下半桥正向导通

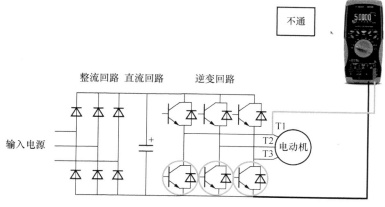

(b)检测变频器逆变回路的下半桥反向不通

图 5.34　检测逆变回路

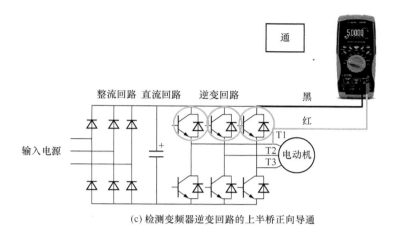

(c) 检测变频器逆变回路的上半桥正向导通

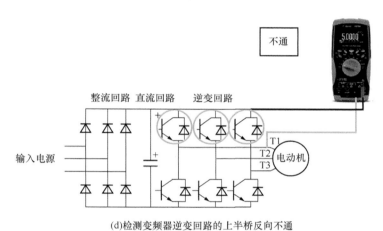

(d) 检测变频器逆变回路的上半桥反向不通

图 5.34　检测逆变回路（续）

训练步骤②：三菱 IGBT 的更换。

选择三菱的 CM150DU-24H 系列 IGBT，其外观与原理图如图 5.35 所示。

IGBT 的主要参数是通态电压、关断损耗和开通损耗。一般其耐压均选用在 12kV

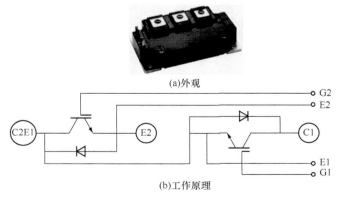

(a) 外观

(b) 工作原理

图 5.35　三菱 IGBT 外观与工作原理

以上，常见的有 50A、75A、100A 等，其典型编号如 CM150DU-24H(150A/2400V)。

具体测量 IGBT 好与坏时可用万用表（只适用于指针表，如 MF500 或 MF47 型）10kΩ 电阻挡，红表笔接 E、黑表笔接 C，用手一端接 C、一端接 G 测其触发能力。但因 IGBT 的内阻极高（MOS 管输入），所以在常态下也易受到外界干扰而自开通，只需 G、C 两点短路一下即可消除，然后再测一下各极之间有无短路（注意 C、E 间的二极管）。当然也可用较简便的方法，即直接测 G、E 的极间电容，如可检测到有一小电容存在的情况，就可以大致认为无损坏。

在替换 IGBT 时，同一台机内的两只 IGBT 最好用同一批次的同型管，以避免因工艺参数不同造成桥臂失衡。在更换 IGBT 时还应小心静电击穿，最好在更换过程中用一短路线短封 G、E 两极。

本 章 小 结

本章介绍变频器维护的基础，详细阐述了变频器过流、过压、过载、缺相和通信故障等的原因及故障定位。

通过对本章的学习，需要掌握以下知识目标和能力目标。

知识目标：

1. 掌握变频器故障排除的基本方法及步骤；

2. 掌握变频器过压、过流、缺相、过载、通信故障等排除方法。

能力目标：

1. 能够根据故障代码进行故障定位，并找出基本原因；

2. 能够对症下药，并修改必要的参数，确保变频器无故障运行；

3. 能够对变频器进行硬件和软件排故。

■■■■■■■■■■■■■■■ 思考与练习题 ■■■■■■■■■■■■■■■

5.1 某离心机厂的离心机选用某通用型变频器 15kW（图 5.36），在调试时，变频器总是在减速过程中报减速过压故障，会有哪些原因造成该故障？该如何解决？

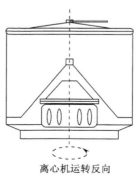

离心机运转反向

图 5.36 离心机外观

5.2　某化工厂离心风机 15kW/2 极，额定转速 2950r/min，采用变频器带动（图 5.37）。变频器带电动机空载运行，经常会出现运行到 12Hz 左右时，输出频率在此附近振荡，振荡几次后有时频率会继续上升，有时就报过载故障，但有时起动又能正常。请回答可能出现的几种情况导致该故障的发生。

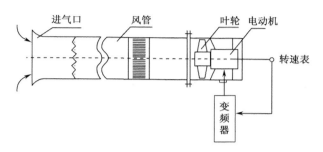

图 5.37　离心风机变频控制

5.3　某数控机床中，主轴控制装置采用三菱 1.5kW 变频器来控制交流主轴电动机。在运行过程中，变频器报过流故障，有时可复位，但复位后电动机发出"嗡嗡"声音，旋转无力。请根据用户说明书手册，列举几个可能出现的原因。

5.4　造成变频器驱动损坏的原因会有哪些？请举例说明。

参 考 文 献

李方园. 2006. 变频器行业应用实践［M］. 北京：中国电力出版社.

李方园. 2009. 维修电工技能实训［M］. 北京：中国电力出版社.

李方园. 2010. 变频器原理与维修［M］. 北京：机械工业出版社.

李方园. 2012. 图解变频器控制［M］. 北京：中国电力出版社.

李方园. 2014. 节电百例一点通［M］. 北京：机械工业出版社.

三菱通用变频器 FR-D700 使用手册（基础篇）［M］. 三菱电动机自动化（上海）有限公司.

三菱通用变频器 FR-A700 使用手册（应用篇）［M］. 三菱电动机自动化（上海）有限公司.

张宗桐. 2008. 变频器应用与配套技术［M］. 北京：中国电力出版社.